智能系统新工科技术系列

视频图像技术原理与案例教程

主编　李熙莹

副主编　陈俊周　金　枝　韩　瑜　苟　超

电子工业出版社

Publishing House of Electronics Industry

北京·BEIJING

内 容 简 介

视频图像技术是人工智能、计算机科学、光学、电子信息等领域的基础技术，相关的原理知识涉及面较广，应用性很强。本书基于视频图像技术的基本原理、相关设备、算法和应用等内容编写，主要分为三部分。第一部分为视频图像技术原理与设备操作，主要介绍视频信号"采-传-存-显-控"的基本原理；第二部分为视频图像智能化分析算法与工程实践，涵盖经典算法和基于深度学习的主流算法，包括视频图像数据预处理、图像增强、图像分割、图像分类、运动目标检测、目标检测与识别、运动目标跟踪、双目视觉测距、图像无缝拼接、图像三维重建，其中不乏计算机视觉技术的应用；第三部分为视频图像技术基础开发环境的搭建，主要介绍视频图像技术常用的编程语言，为读者实现各种视频图像技术提供快速的编程指导和环境配置方法，包括 MATLAB 编程基础、OpenCV 编程基础、Python 编程基础和面向深度学习的智能化图像处理环境搭建。

本书每章都按照"学习目的、实践内容、准备材料、预备知识、实施步骤"的结构进行编写，旨在使读者快速掌握并应用视频图像技术，能够围绕实际应用场景，循序渐进地使用本书中介绍的方法解决部分实际问题，从而具备面向工程应用的综合分析与实践能力。本书配有 PPT、源代码、完整素材，读者可登录华信教育资源网（www.hxedu.com.cn）免费下载。

本书可作为高等学校本科生、研究生视频图像处理相关课程的教材和参考书，也可为相关领域的工程技术人员提供参考。

图书在版编目（CIP）数据

视频图像技术原理与案例教程/李熙莹主编. —北京：电子工业出版社，2020.11
ISBN 978-7-121-40041-4

Ⅰ. ①视… Ⅱ. ①李… Ⅲ. ①视频信号－图像处理－高等学校－教材 Ⅳ. ①TN941.1

中国版本图书馆 CIP 数据核字（2020）第 234464 号

责任编辑：刘 瑶
印　　刷：涿州市京南印刷厂
装　　订：涿州市京南印刷厂
出版发行：电子工业出版社
　　　　　北京市海淀区万寿路 173 信箱　邮编：100036
开　　本：787×1 092　1/16　印张：16.5　字数：422 千字
版　　次：2020 年 11 月第 1 版
印　　次：2021 年 6 月第 2 次印刷
定　　价：49.90 元

■ 前　言

近年来，随着计算机技术、多媒体技术、网络技术的迅猛发展，视频图像信号的采集、传输、存储等方法都发生了较大的变化。当今时代是一个数据爆炸性增长的"大数据"时代，出现了很多视频图像处理的新技术。

视频图像技术研究视频信号的"采-传-存-显-控"，只有掌握了一定的视频图像技术基础知识，才能对一些新概念和新技术有较好的把握。同时，随着人工智能技术的飞速发展，在很多智能应用领域，人们对视频图像处理的需求呈现出不断增长的趋势，如物体分类、目标检测、三维重建等。在这样的背景下，我们迫切需要一本以全新的视角介绍视频图像技术的书。

本书在撰写过程中充分考虑了专业教学的特点与需求，在内容编排上尽量做到全面、系统，在理论深度上尽量考虑本科生和研究生的接受能力，让每章的内容尽可能实用，同时注重本课程与其他课程的衔接。本书不仅考虑到了视频图像技术本身的快速发展，而且侧重实践能力的培养，希望在"新工科"背景下培养出具备扎实基础的学生。

本书基于视频图像技术的基本原理、相关设备、算法和应用等内容编写，主要分为三部分。第一部分为视频图像技术原理与设备操作，主要介绍视频信号"采-传-存-显-控"的基本原理；第二部分为视频图像智能化分析算法与工程实践，涵盖经典算法和基于深度学习的主流算法，包括视频图像数据预处理、图像增强、图像分割、图像分类、运动目标检测、目标检测与识别、运动目标跟踪、双目视觉测距、图像无缝拼接、图像三维重建，其中不乏计算机视觉技术的应用；第三部分为视频图像技术基础开发环境的搭建，主要介绍视频图像技术常用的编程语言，为读者实现各种视频图像技术提供快速的编程指导和环境配置方法，包括 MATLAB 编程基础、OpenCV 编程基础、Python 编程基础和面向深度学习的智能化图像处理环境搭建。在本书的编写过程中，参考了国内外许多优秀的教材和论文，并一一列在本书的参考文献中，在此对所有参考文献的作者表示衷心的感谢。

本书的编撰分工如下：第一部分由李熙莹、韩瑜编写，第二部分由全体作者共同编写，第三部分由陈俊周、金枝编写。

由于编写水平有限，书中难免出现错误或不妥之处，欢迎广大读者批评指正。

编　者

目　录

第一部分　视频图像技术原理与设备操作

第二部分 视频图像智能化分析算法与工程实践

第三部分　视频图像技术基础开发环境的搭建

第一部分

视频图像技术原理与设备操作

第 1 章

视频采集

1.1 学习目的

（1）熟悉视频采集的原理、视频采集设备的组成（镜头、传感器等）及通用的视频技术指标参数；

（2）掌握光学成像原理，熟悉镜头参数（焦距、光圈等）对成像效果（成像尺寸、视域、景深等）的影响，了解镜头选型；

（3）了解传感器的工作原理，熟悉其性能参数（成像光谱范围、灵敏度等）对成像效果的影响，了解传感器的选型；

（4）了解光源对成像效果的影响；

（5）了解摄像机控制参数［快门时间、背光补偿模式（BLC/WDR/HLC）、降噪模式（2D/3D降噪）等］对成像效果的影响。

1.2 实践内容

（1）观察前端视频采集设备，查看镜头参数，观察摄像机电源和输出接口；组装视频图像采集系统，完成视频图像的采集；

（2）更换不同焦距的镜头采集视频，并观察视频在不同视距、视域、清晰度上的差异；

（3）分别使用配置大尺寸、小尺寸传感器的摄像机采集视频，并观察视频在不同视距、视域、清晰度上的差异；

（4）使用补光灯，改变拍摄的光照条件（角度、强弱等），观察、对比视频在不同光照条件下的差异；

（5）使用不同类型的摄像机（热成像、低照度等）采集视频，观察视频的差异；

（6）进入摄像机参数设置界面，理解并熟悉参数调整的操作方式；

（7）更改摄像机的快门时间、背光补偿模式、降噪模式，观察视频的变化。

1.3 准备材料

进行视频采集实践所需的器材如表 1-1 所示。

表 1-1　进行视频采集实践所需的器材

器 材 名 称	数 量	器 材 名 称	数 量
可见光摄像机（模拟输出）	1 台	DC12V 电源	1 个
可见光摄像机（网络输出）	1 台	数字示波器	1 台
全景摄像机	1 台	硬盘录像机	1 台
热成像摄像机	1 台	显示器	1 台
星光级低照度摄像机	1 台	LED 补光灯	1 个
月光级低照度摄像机	1 台	同轴视频线	若干
定焦镜头	1 组	网线	1 条
手动变焦镜头	1 个	电缆	若干

* 摄像机可以用可调节参数的家用相机或智能手机代替。

1.4　预备知识

1.4.1　视频图像技术概述

视频图像是观测系统以不同的形式和手段观测客观世界而获得的，可以直接或间接作用于人眼并使人产生视知觉的实体。从对客观世界的感知到对视觉信息的利用，涉及"采-传-存-显-控"（采集-传输-存储-显示-控制）等一系列环节，以最常见的视频图像应用系统——CCTV（闭路监控系统）为例，其主要设备包括：

（1）采集设备——摄像机、镜头、补光灯等；

（2）传输线路与设备——电缆、同轴视频线、光纤、网线、光端机、路由器等；

（3）存储设备——硬盘录像机、云存储服务器等；

（4）显示设备——监视器/显示器、显示控制器等；

（5）控制设备——视频矩阵、视频分割器、云台等。

在"采-传-存-显-控"中，"采集"是得到正确、稳定的视频图像所必需的步骤，采集相关设备的操作和选型将直接影响视频图像智能分析和应用的效果。

1. 视频图像的形成过程与摄像机的组成

视频图像由摄像机采集获取，其形成过程如图 1-1 所示。镜头的作用是收集实际物体（被摄目标）发出（或反射）的光线，将其汇聚成摄像机图像传感器可感知的光学图像。图像传感器是摄像机的核心，实现光电信号转换。其他处理电路对传感器初始电信号进行读取、加工，形成适合传输、处理的模拟/数字视频信号。

早期使用的摄像管式摄像机，由于固有功率消耗大、低照度指标差及笨重等原因，基本已被淘汰。随着传感器技术的不断突破，基于 CCD、CMOS 等固态传感器的摄像机发展迅速。近年来，基于 CMOS 图像传感技术的摄像机已经超过 CCD 摄像机成为主流，广泛应用于网络、多媒体、监控系统等领域。

基于固态传感器的摄像机一般由镜头、图像传感器、处理器、转换芯片等组成，如图 1-2 所示。部分摄像机的镜头是可分离的。

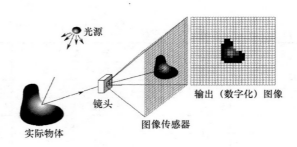

图 1-1　视频图像的形成过程

图 1-2　摄像机的组成

镜头：采集景物，实现光学成像。

图像传感器：将光信号转换为电信号，电信号经过预处理（滤波、放大等）后，按照一定时序依次输出。常用的图像传感器主要有 CCD 和 CMOS 两类。早期的 CCD 传感器相比 CMOS 来说，具有图像质量高、集成密度高、动态性能好等优势，但随着 CMOS 工艺的进步，除了在一些特殊领域（高速扫描、航天卫星等），这些优势已经不再明显。而 CMOS 传感器相比 CCD 来说，具有成本和功耗低、设计开发简单、能同时集成图像处理算法等优势，是目前市场上的主流传感器。

处理器：将图像传感器输出的电信号整合成视频图像，并进行处理（校正、白平衡、智能分析等）和编码。

转换芯片：将编码好的视频图像数据转换为可以在对应传输介质上传输的信号，如转换为模拟信号后在同轴或双绞线上传输，转换为以太网信号后在网线上传输，转换为光信号后在光纤上传输，转换为射频信号后在空间中传输等。随着网络技术的发展，现在大多数视频监控系统开始使用网络摄像机。

2．视频图像技术涉及的基本概念

1）视频

根据视觉暂留原理，当连续图像变化的速度超过每秒 24 幅（帧，frame）时，人眼便无法辨别单幅的静态画面，形成平滑连续的视觉效果，这样连续的图像序列即视频。

2）帧率

帧率（Frame Rate）是采集、显示帧数的量度，通常用每秒传输的图像的帧数（Frame Per Second，FPS）来度量。帧率影响画面流畅度，与画面流畅度成正比。即帧率越大，画面越流畅；帧率越小，画面越有跳动感。对一些智能分析算法来说，帧率也是衡量算法处理效率的一个指标。视频的帧率和单帧画面的分辨率决定了视频信号的数据量。

3）码率

码率是在单位时间内系统所能传输的最大数据量。传输数字视频信号时，信道设备（如光端机等）的带宽必须大于通过该信道的码率。有效码率是在单位时间内与视频信号有关的数据量。因为在数字视频信号的水平和垂直消隐期间内没有视频信息，所以有效码率一般只是码率的 60%～80%。使用磁带、硬盘或光盘存储数字视频信号时可以只记录有效码率代表的视频信息。

3. 模拟视频信号制式

摄像机输出的视频信号具有一定的标准参数，即视频信号制式。常用的视频信号制式有 PAL（Phase Alternating Line，逐行倒相）、NTSC（National Television Systems Committee，美国国家电视制式委员会）和 SECAM（法文 Séquential Couleur Avec Mémoire 的缩写），其中 PAL 和 NTSC 应用最广。

PAL 是一种兼容制的彩色电视制式，采用逐行倒相正交平衡调幅的技术方法，克服了 NTSC 由于相位敏感造成色彩失真的缺点。PAL 采用隔行扫描的方式，帧率为每秒 25 帧，每帧扫描的行数为 625 行，画面宽高比为 4:3。标准的数字化 PAL 电视分辨率为 720×576，具有 24 比特的色彩位深。根据不同的参数细节，PAL 又可以进一步划分为 PAL-G、PAL-I、PAL-D 等制式，其中 PAL-D 是我国电视系统采用的制式。

NTSC 是由美国国家电视制式委员会制定的一种兼容制的彩色电视制式，因其技术特点而又被称为正交平衡调幅制。NTSC 采用隔行扫描的方式，帧率为每秒 29.97 帧，每帧扫描的行数为 525 行，画面宽高比为 4:3。标准的数字化 NTSC 电视分辨率为 720×480，具有 24 比特的色彩位深。

SECAM 意为"顺序传送彩色与存储复用"，属于同时顺序制。在信号传输过程中，亮度信号每行传送，而两个色差信号则逐行依次传送，即用行错开传输时间的办法来避免同时传输时所产生的串色及由此造成的色彩失真。SECAM 的特点是不怕干扰、色彩效果好，但兼容性差。该制式采用隔行扫描的方式，帧率为每秒 25 帧，每帧扫描的行数为 625 行，画面宽高比为 4:3，数字化后的分辨率 720×576。

通常，把标准的数字化 PAL 或者 NTSC 视频称为标清视频，高清视频则是指分辨率大于标清视频的视频格式，基本格式为 1080P，分辨率为 1920×1080。

4. 数字视频信号编解码

1）视频编解码标准

视频具有一系列优点：直观、准确、高效、信息丰富等，但视频信号的数据量太大，不利于传输、存储、处理和应用。通过视频信号编解码技术，可以压缩数据量，同时又可以保证一定的视频质量。目前，在监控行业应用中，图像压缩编码标准主要有 MPEG（Moving Picture Experts Group，动态图像专家组）系列、H.26x 系列等。MPEG 系列更加注重数字音/视频多媒体数据的存储和传输，对画面质量要求更高；H.26x 系列则面向实时视频通信应用，因此在视频会议、视频监控领域应用更加广泛。

① MPEG-4

MPEG 是 ISO（International Organization for Standardization，国际标准化组织）与 IEC（International Electrotechnical Commission，国际电工委员会）于 1988 年成立的专门针对运动图像和语音压缩制定国际标准的组织。MPEG 系列标准主要有以下 5 个：MPEG-1、MPEG-2、MPEG-4、MPEG-7 及 MPEG-21，目前使用最广泛的是 MPEG-4。

MPEG-4 采用基于对象的编码理念，不仅明确了一定比特率下的音/视频编码方法，而且更加注重多媒体系统的交互性和灵活性。这个标准主要应用于视频电话（Video Phone）、视频电子邮件（Video E-mail）和电子新闻（Electronic News）等，对传输速率要求较低，在 4800～6400bits/s 之间，分辨率为 176×144。MPEG-4 利用很窄的带宽，通过帧重建、数据压缩技术，希望用最少的数据获得最佳的图像质量。

MPEG-4 使用图层（layer）方式，能够智能化地选择图像的不同之处，可根据图像内容，将其中的对象（人物、物体、背景）分离出来分别进行压缩，使图像文件容量大幅缩减，从而加速音/视频信号的传输，这不仅大大提高了压缩比，而且使图像探测的功能和准确性更充分地体现了出来。

② H.264

H.264 是由 ITU-T（国际电联电信标准化部门）的 VCEG（Video Coding Experts Group，视频编码专家组）和 MPEG 的联合视频组开发的一个新的数字视频编码标准，它既是 ITU-T 的 H.264，又是 MPEG-4 的第 10 部分。在相同的重建图像质量下，H.264 比 H.263 节约 50% 左右的码率，比根据 MPEG-4 实现的视频格式在性能方面提高 33%左右。

H.264 采用差分编码方法，编码原理如图 1-3 所示，只有第一幅图像（I 帧）是将全帧图像信息进行编码的图像，在后面两幅图像（P 帧）中，其静态部分将参考第一幅图像，而仅对运动部分使用运动矢量进行编码，从而减少传输和存储的数据量。

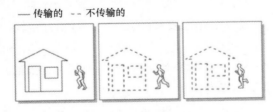

图 1-3　H.264 编码原理

如果是根据像素块（宏块）而不是单个像素来检测差别并进行差分编码的，还可以进一步减少需要编码的数据量。因此，可以只对那些存在重大差别的块进行编码。这样，对发生更改的区域位置进行标记的相关开销也将大大降低。

然而，如果视频中存在大量运动物体，差分编码将无法显著减少数据量。这时，可以采用基于块的运动补偿技术，如图 1-4 所示。这种技术考虑到视频序列中构成新帧的大量信息都可以在前面的帧中找到，但可能会在不同的位置上，所以将一帧分为一系列的块，然后通过在参考帧中查找匹配块的方式逐块地构建或者"预测"新帧（如 P 帧）。如果发现匹配的块，编码器只需要对在参考帧中发现匹配块的位置进行编码。与对块的实际内容进行编码相比，只对运动矢量进行编码可以减少占用的数据位。

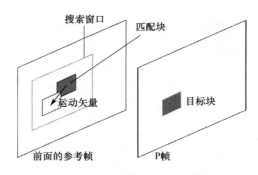

图 1-4　基于块的运动补偿技术

③ H.265

H.265 是 ITU-T 的 VCEG 继 H.264 之后制定的新的视频编码标准，全称为高效视频编码（High Efficiency Video Coding）。H.265 围绕着现有的视频编码标准 H.264，保留原来的某些技术，同时对一些相关技术加以改进，改善了码流、编码质量、延时和算法复杂度之间的关系，提高了压缩效率、鲁棒性和错误恢复能力，减少了时延，降低了复杂度。H.264 能以低于 1Mbps 的速度实现标清数字图像的传送，H.265 则可以实现以 1～2Mbps 的速度实现 720P（分辨率 1280×720）音/视频的传送。

2）视频码流计算

根据数字视频信号编解码标准，可以得到不同分辨率的数字视频信号对应的码流，如表 1-2 所示。

表 1-2　不同分辨率的数字视频信号对应的码流

分 辨 率		帧　率	码流（H.264）	码流（H.265）
格　式	像 素 数			
960H	960×576	25/30 FPS	2Mbps	1Mbps
720P	1280×720		2Mbps	1Mbps
1080P	1920×1080		4Mbps	2Mbps
4MP	2688×1520		8Mbps	4Mbps
4K	3840×2160		16Mbps	4Mbps

1.4.2　光源

光照条件会影响视频图像采集系统的性能。无论是室内/室外，还是白天/夜晚，都需要评估光源的照度和颜色，并使摄像机的灵敏度等与之协调。根据日常经验，在其他条件不变的情况下，光线越充足，画面越清晰。所以，采集的视频图像质量受两个因素影响：光源照度与传感器对光源的光谱响应特性。

1. 光源照度与摄像机的动态范围

光通量是指光源在单位时间内所辐射的光能，单位是流明。光照强度，简称照度，是指单位面积所接收的可见光的光通量，单位是勒克斯（lx）。1 勒克斯是 1 流明的光通量均匀照射在 1 平方米面积上所产生的照度。

被摄场景的照度决定到达镜头的光通量，主要受光源亮度、光源的光束角、光源光谱特性、光源与摄像机的相对位置、物体反射率、场景复杂度、场景中的活动目标等因素的影响。

　　光源可分为自然光源和人造光源。自然光源包括太阳、月亮（反射日光）和星星。自然光源的照度与时间和天气有关，表 1-3 给出了自然光源照度的变化范围。人造光源的照度可以根据场景需求进行设计。

表 1-3　自然光源照度的变化范围

照　明　条　件	照度/lx
夏季阳光直射	60000～100000
多云	20000
日出、日落	500
黎明、黄昏	4
满月（晴朗）	0.2
弦月	0.02
阴天的月光	0.007
晴朗的夜空（无月）	0.001
普通星光	0.0007

　　通常，自然光源的光束角较大，如日光的光束角是 360 度。人造光源通过反射镜等可以调节光束角大小，以满足大面积均匀照明或者小面积集中照明的需要。在照度不均匀的场景中采集的视频图像也会有不均匀的亮度，会给视频图像的观测和处理带来一定的影响。图 1-5 给出了同一辆车在不同地点、不同时刻的部分图像，由于照度和角度的差异，车辆的细节和颜色呈现出了明显的差别。

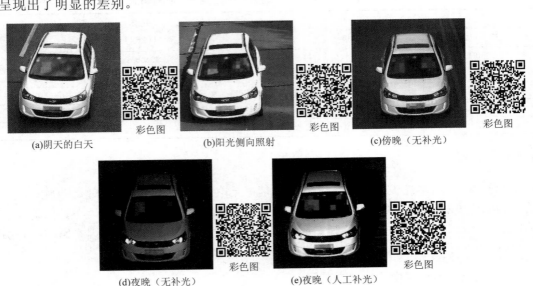

(a)阴天的白天　　　　　(b)阳光侧向照射　　　　　(c)傍晚（无补光）

(d)夜晚（无补光）　　　　(e)夜晚（人工补光）

图 1-5　照度和角度变化对成像的影响

　　一般来说，照度越高，摄像机拍摄到的图像越亮；照度越低，图像越暗。但当照度超过了摄像机感知的范围（即动态范围）时，其拍摄到的画面就会丢失信息。在极端情况下，如果场景中的照度过高（也称为过曝），成像的画面就会变为白色；反之，如果照度过低（也称为过暗），则成像的画面就会变为黑色。图 1-6 给出了照度对成像的影响。其中，图 1-6(a)是均匀照明的图像，图1-6(b)是局部照度过高的图像，图1-6(c)是模拟夜间车灯直射镜头的图像，车灯的照度过大，导致图像过曝，图1-6(d)是照度过低的图像。为避免过曝或者过暗造成的画面信息丢失，光源照度需要与摄像机的动态范围适配，行业内的研究人员也在通过软件算法和硬件升级来不断提升摄像机本身的动态范围。对室外应用（如安防）来说，其面临的主要问题是在夜间等低照度场景下如何确保能拍摄到细节清晰的图像。

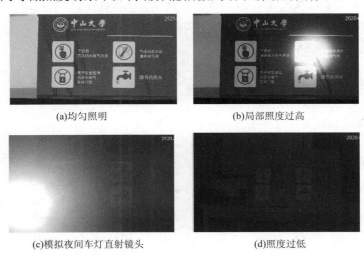

(a)均匀照明　　　　　　　　　　　(b)局部照度过高

(c)模拟夜间车灯直射镜头　　　　　　　(d)照度过低

图 1-6　照度对成像的影响

2．光源的光谱范围

自然光源属于宽频带光源。人造光源可以是宽频带的，也可以是窄频带的（即只发出某种频率范围的光）。黑白摄像机的传感器对所有波长的光都敏感，其只需要观测到光线强度的变化，因此在各种光源下都可以正常工作。而对彩色摄像机来说，由于颜色的再现与光谱成分有关，因此往往需要考虑光源频带的影响。通常的摄像机可感应可见光范围的光谱（波长范围为 400～700nm，如图 1-7 所示）。若场景中的照度不足，则摄像机无法正常工作，需要配置补光灯（白色）进行补光。但在安防领域，可见光补光灯会使摄像机的隐蔽性降低，容易让人找到监控死角，因此常采用红外补光灯。

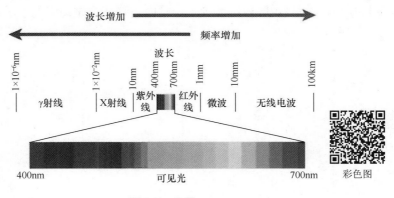

图 1-7　光谱

1.4.3 镜头

镜头是由透镜组成的光学装置，位于图像传感器的前端，起到汇聚光线并在图像传感器靶面上成像的作用。

1. 焦距

焦距是衡量镜头对光线汇聚能力的参数，指平行光入射透镜时，主光心到光聚集点的距离。

以薄的单片凸透镜为例，其成像公式为

$$\frac{1}{u} + \frac{1}{v} = \frac{1}{f} \tag{1-1}$$

式中，u 是物距，v 是像距，f 是焦距。

薄凸透镜成像示意图如图 1-8 所示。

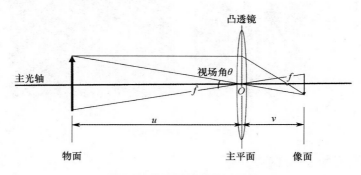

图 1-8　薄凸透镜成像示意图

取极限情况，当 u 无穷大时（即物体上反射的光线均平行入射凸透镜时），此时的 $v=f$。

对摄像机来说，当 $u > 2f$ 时，v 在 $f\sim 2f$ 之间，这样才能在传感器上感光成像（物体成倒立缩小的实像）。

u 不变，当 f 改变时，成像的视场角 θ 和成像物体的大小会随之改变，f 越大，θ 越小，成像的物体占画面的比例越大。

如图 1-9 所示，当焦距由焦距 1 变为焦距 2 时，视场角由视场角 1 变为视场角 2（视场角减小），在相同像面上能显示的内容减少了，画面中物体就相当于变大了。

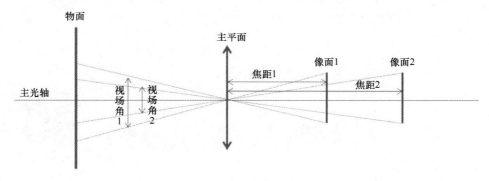

图 1-9　焦距变化示意图

根据焦距，镜头可分为固定焦距镜头和可变焦距镜头。其中可变焦距镜头又可分为手动变焦（手动改变焦距）镜头和电动变焦（电机驱动改变焦距）镜头。

2．光圈

光圈是镜头中控制进光量的装置，通常用 F 值来表征光圈的大小。

$$F值 = \frac{f}{D} \tag{1-2}$$

式中，D 为镜头有效口径的直径。F 值通常取 $f/1.0$、$f/1.4$、$f/2.0$、$f/2.8$、$f/4$、$f/5.6$、$f/8$、$f/11$、$f/16$、$f/22$、$f/32$、$f/44$、$f/64$。对应地，会标识为 F1～F64。F 后面的数字越大，光圈面积越小，进光量越小，画面越暗，景深越大。

3．快门

快门是控制感光时间的装置，与光圈一起决定单次曝光的进光量。同时，快门还影响拍摄动态物体时的"拖影"。快门时间短，则能够清晰捕捉到运动的瞬间；快门时间长，则会形成运动轨迹的拖影，如图 1-10 所示。

快门时间短，画面是冻结静止的状态　　　　快门时间长，记录下流动的车灯轨迹

图 1-10　不同快门时间的成像对比

根据原理，快门可分为机械式快门和电子式快门。机械式快门使用物理遮挡片，进光时打开，持续到设置的快门时间后闭合，实现进光控制。电子式快门控制图像传感器感光单元的感光时间，通过控制信号令感光单元工作，持续到设置的快门时间后闭合，实现进光控制。电子式快门一般被设置为自动方式，根据入射光的强弱调节图像传感器的快门时间，从而得到清晰的图像，快门时间在 0.02～0.00001 秒之间。

1.4.4　图像补偿与降噪

1．背光补偿（BLC）

当摄像机在逆光环境中拍摄时，画面会接近于黑色，然而在安防领域中，逆光环境是难以避免的，这个时候就需要进行背光补偿。当引入背光补偿时，摄像机如果检测到拍摄图像一个区域中的视频电平比较低，它将通过 AGC（Automatic Gain Control）电路改善和提升该区域的视频电平，提高输出视频信号的幅值，使图像整体清晰明亮。

2．宽动态（WDR）

当强光源（日光、灯具或反光等）照射下的高亮度区域和逆光环境下亮度相对较低的区域在图像中同时存在时，摄像机输出的图像会出现明亮区域因过曝变为白色，而黑暗区域因过暗变为黑色的情况，严重影响图像质量。

摄像机在同一场景中对较亮区域及较暗区域的表现是有局限性的，这种局限性就是通常所说的"动态范围"。在视频监控领域，宽动态是指摄像机在空间域中适应照度反差（变化范围）的能力。图1-11是背光补偿与宽动态的成像示意图。

图 1-11　背光补偿与宽动态的成像示意图

3．强光抑制（HLC）

当图像中有强光部分时，会造成局部过曝或者图像整体对比度下降。通过对强光区域进行适当的抑制处理，能够将视频的信号亮度调整到正常的范围，获得清晰的图像，如图1-12所示。

图 1-12　强光抑制的成像示意图

4．降噪模式

2D 降噪：只在二维空间上进行降噪处理。其基本方法是，将某像素与其周围的像素进行平均，平均后噪声会减小，但画面会变模糊（特别是物体边缘部分）。因此，2D 降噪的改进方法是进行边缘检测。

3D 降噪：在 2D 降噪的基础上增加了时域处理。其和 2D 降噪的不同之处在于，2D 降噪只考虑一帧图像，而 3D 降噪进一步考虑帧与帧之间的时域关系，对每个像素点进行时域上的平均。相比 2D 降噪，3D 降噪的效果更好，且不会造成边缘的模糊。但 3D 降噪存在的主要问题是，如果对不属于同一物体的两个点进行降噪处理会造成错误。因此，使用该方法时需要进行运动估计，其效果的好坏也与运动估计有关。而运动估计的计算量较大，耗时较长，这是 3D 降噪的主要问题。

1.4.5　摄像机类型

除了普通的可见光摄像机，还有一些不同类型的摄像机，它们的主要区别在于图像传感器的性能和是否有辅助照明或额外画面处理功能。

1．红外补光摄像机

大多数 CCD/CMOS 图像传感器具有很大的光谱响应范围，通常可在整个可见光范围和近红外区域（波长在 800nm 以上）内正常工作。但是，其在白天（光照充足）时，容易被太阳光中的红外线干扰，导致图像拖影、失真。所以白天时，应在感光单元前加滤光片，把红外线滤除。在夜间，则采用肉眼无法看到的红外补光灯进行补光。不过，在红外补光条件下拍摄的图像会失去色彩信息，只能以灰度图像显示。

2．低照度摄像机

为了在微弱光照条件下保持色彩信息，需要图像传感器具有更高的灵敏度。低照度摄像机通过光增强管或图像增强器增强镜头成像的光线，从而可以支持更低照度的成像。例如，普通的可见光摄像机最低能支持的照度约为 0.1lx，低照度摄像机最低能支持的照度为 0.01lx，月光级摄像机最低能支持的照度为 0.001lx，星光级摄像机最低能支持的照度甚至能达到 0.0001lx。

3．热成像摄像机

除了可见光摄像机，在一些特殊场景下，还会应用热成像摄像机，其感应的是物体自身因热辐射而发出的红外线，其能在完全没有可见光的情况下分辨不同的物体和人员。原始的红外热图像是灰度图像，温度越高，成像越亮。为了使用户容易区分不同的温度，人们往往用不同的颜色对应不同的亮度级别，从而得到伪彩色图像。伪彩色图像的模式有很多种，通常用冷色表示温度低，用暖色表示温度高，如图 1-13 所示。

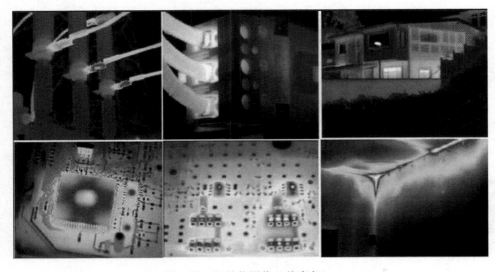

彩色图

图 1-13　红外热图像（伪彩色）

4．全景摄像机

全景摄像机最主要的优势是，实现采用更少的摄像机无死角地监控一定范围内的整个空间。目前全景摄像机的产品形态包括多镜头式、单鱼眼镜头式、混合式 3 种。

多镜头式：在全景摄像机内部封装多个传感器，通过对分画面进行图像拼接得到全景效果。

单鱼眼镜头式：摄像机通过对鱼眼"畸变"的矫正能力或结合特殊的处理软件，矫正经过鱼眼镜头后形变的图像，输出不留处理痕迹的正常图像。

混合式：同时使用单鱼眼镜头和多镜头。

1.4.6 数字示波器

数字示波器（如图 1-14 所示，简称示波器）可以用于测量各种电信号，可以将看不见的信号转化为可视图形，并存储、显示、测量、分析、处理相关数据。

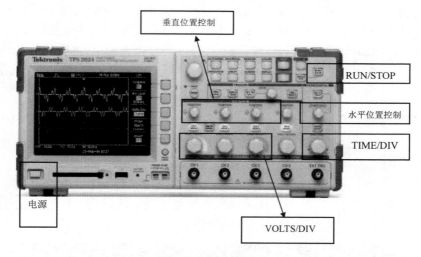

图 1-14　数字示波器

1．开机

按下电源键，出现信号最大电压提示画面。

2．使用

调整水平位置控制、垂直位置控制、VOLTS/DIV、TIME/DIV 旋钮，将波形调整到易于观察的位置，然后按下 RUN/STOP 键，锁定瞬时波形（再按下 RUN/STOP 键可解锁）。

3．注意事项

确保接地：为减少电击风险，仪器的外壳必须接地。示波器的电源插头必须插到接地的三头插头上，中间不能加三头转两头的转换插头。

小心静电：为确保仪器安全，使用示波器前要消去手上的静电。可通过摸岩土墙壁消除手上的静电。

示波器的使用时间不宜太长，用后注意关闭电源。

1.5　实施步骤

1.5.1　观察摄像机的外观、形状、接口，了解其功能

（1）参考图 1-15(a)～(c)，观察摄像机（枪机）的外观、形状、接口，了解其功能和参数；

（2）参考图 1-15(d)，观察镜头的外观和表面的字符，了解其含义；

（3）记录摄像机和镜头的各参数。

(a)正面（无镜头）

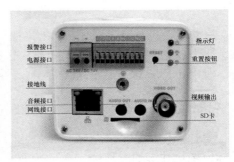

(b)背面接口

(c)侧面（有镜头）

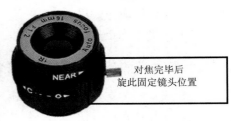

(d)定焦镜头

图 1-15　摄像机与镜头

1.5.2　连接设备，采集视频

（1）为标准摄像机安装镜头；

（2）连接摄像机、显示器至硬盘录像机，硬盘录像机的接口分布参照图 1-16，连线方式参照图 1-17；

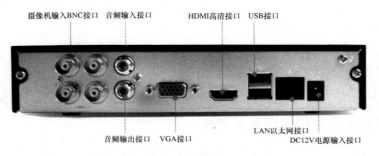

图 1-16　硬盘录像机接口分布图

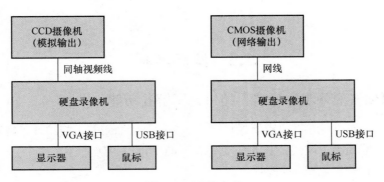

图 1-17　连线方式

（3）启动摄像机与硬盘录像机，采集视频（硬盘录像机初始用户名、密码见使用说明书）；

（4）调整摄像机与拍摄对象的距离，让镜头聚焦，使图像清晰；

（5）保存一段视频至硬盘录像机。

1.5.3　观察镜头参数变化的成像效果

（1）更换不同焦距的定焦镜头拍摄同一目标，微调镜头聚焦，使图像清晰，采集视频，对比目标成像尺寸等的变化；

（2）固定摄像机与拍摄对象的距离，更换变焦镜头，旋转镜头改变焦距，使图像清晰，采集视频，对比成像效果；

（3）更换不同距离的拍摄对象，旋转镜头改变焦距，使图像清晰，对比成像效果。

1.5.4　观察光照条件变化的成像效果

（1）选定一个立体形状目标，不开补光灯，采集视频；

（2）打开补光灯，使其照射到待拍摄的物体上，采集视频，对比成像效果并记录；

（3）改变光照角度，对比成像效果并记录；

（4）改变光照距离，对比成像效果并记录；

（5）改变补光灯光源类型（冷光、暖光），对比成像效果并记录；

（6）在相同光照条件下，改变摄像机的快门时间，对比成像效果并记录。

1.5.5　观察不同类型摄像机的成像效果

（1）连接普通的可见光摄像机至硬盘录像机，拍摄常规光照下的热水和冷水、正在运行的电子设备（如计算机）、人，拍摄室内图像，拍摄低照度下的图像；

（2）连接热成像摄像机至硬盘录像机，拍摄热水和冷水、电子设备和人，与普通图像进行对比；

（3）连接低照度摄像机至硬盘录像机，拍摄低照度下的图像，与普通图像进行对比；

（4）连接全景摄像机至硬盘录像机，拍摄室内全景图像，与普通室内图像进行对比。

1.5.6　调整摄像机参数，观察视频效果

（1）进入摄像机参数设置界面（参考使用说明书），理解亮度、对比度、饱和度等图像参

数的作用；

（2）调整亮度、对比度、饱和度等参数，采集视频并观察区别。

（3）更改摄像机的快门时间，采集视频并观察区别；

（4）分别设置背光补偿模式为无、BLC、WDR、HLC，采集视频并观察区别；

（5）开启/关闭降噪模式，采集视频并观察区别。

1.5.7　利用示波器观察视频信号

（1）连接摄像机（模拟输出）的电源与同轴视频线，拍摄标准彩条（如图 1-18(a)所示）；

（2）打开示波器，用示波器的探头连接同轴视频线（探头的地线接同轴视频线金属接口的外部金属壳，探头的探针接同轴视频线金属接口的内部芯线）；

（3）调整 VOLTS/DIV 与 TIME/DIV 两个旋钮，将波形调整到合适的大小，再调整垂直位置控制与水平位置控制旋钮，将波形调整到易于观察的位置；

（4）按 RUN/STOP 键，停止更新波形，波形图如图 1-18(b)所示；

（5）测量视频信号的波形参数（行场周期、幅值等）。

(a)标准彩条　　　　　　　彩色图　　　　　　　(b)波形图　　　　　　　彩色图

图 1-18　标准彩条与对应的波形图

第2章

视频传输

2.1 学习目的

（1）了解视频信号传输的主要方式和基本原理；

（2）掌握模拟/数字视频信号传输常用的设备及方法；

（3）掌握简单视频信号传输网络的规划与搭建；

（4）了解视频信号传输的影响因素及其在不同网络环境下的传输效果。

2.2 实践内容

（1）使用同轴电缆、双绞器、交换机、无线网桥等不同的传输方式实现视频信号的传输，并对比不同的成像效果；

（2）了解有线信号传输方式转换的设备和操作；

（3）实现网络摄像机（IP Camera，IPC）的 Web 端显示和参数设置；

（4）掌握简单的视频信号及网络视频传输设备参数，实现多路、多点视频传输；

（5）通过网络损伤仪模拟时延、丢包场景下的视频传输；

（6）结合不同的码流设置，观察改变视频编码参数对视频传输带来的影响。

2.3 准备材料

进行视频传输实践所需的器材如表 2-1 所示。

表 2-1   进行视频传输实践所需的器材

器 材 名 称	数 量	器 材 名 称	数 量
同轴摄像机	1～2 台	无线网桥	1 对
网络摄像机	3 台	硬盘录像机	1 台
镜头	4 组	交换机	1 台
DC12V 电源	3 个	网线	若干
同轴视频线	若干	同轴电缆	若干
视频双绞线传输器	1 台	计算机	1 台

（续表）

器 材 名 称	数 量	器 材 名 称	数 量
视频光端机	1 对	网络损伤仪	1 台
光纤跳线	1 条	监控中心中控	1 套

2.4 预备知识

视频传输设计是各类视频处理应用系统中的重要一环，但也往往是整个系统最薄弱的环节。要最终获得好的图像质量，除了需要能采集高质量画面的摄像机和镜头、性能良好的显示器，还需要选择合适的传输方式，使用高质量的器材和设备，并按照专业标准安装。

2.4.1 传输介质

1．同轴电缆

同轴电缆主要用于模拟视频信号的传输，常用的是特征阻抗为 $75\,\Omega$ 的非平衡电缆。同轴电缆与视频采集、存储设备之间的接头为 BNC 接头，图 2-1 为带有 BNC 接头的同轴电缆。BNC 接口带有旋转卡位，能够使连接稳定。

图 2-1 同轴电缆（带有 BNC 接头）

由里到外，同轴电缆由内导体、绝缘体、外导体和外护套组成，如图 2-2 所示。内导体用来传输单路信号，绝缘体用来分隔内外导体，外导体一方面作为电平参考面（零电势），另一方面也起到屏蔽干扰的作用，外护套则用于保护整个内部结构，防止短路、腐蚀。视频信号是由分布很广的低频信号和高频信号组成的，频率范围在 20Hz～6MHz 之间。同轴电缆的结构决定了它非常适合传输这样宽频带的视频信号。

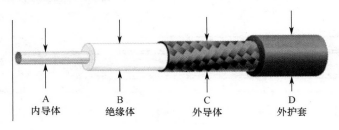

图 2-2 同轴电缆

同轴电缆的优点在于传输距离较远。对通用的 CVBS（复合同步视频广播信号，为模拟视频信号），其传输距离一般可达 100～300m，若采用特殊的编码和补偿技术（如 HDCVI），其传输距离甚至可达 500m，若再加上放大器，其传输距离可以达到上千米。同轴电缆的缺点是体积较大，线缆较重，且信号频率越高，信号衰减越严重。

2．双绞线

双绞线（如图 2-3 所示），顾名思义，即由两条相互绝缘的导线按照一定的规格互相缠绕（一般以顺时针方向缠绕）而制成的一种通用配线，这两条导线一般为 22～26 号的绝缘铜导线。

双绞线的优点在于成本较低，重量相比同轴电缆要轻很多，施工布线更方便，抗干扰能力强（外部干扰在两条线上感应出的电场会相互抵消），传输距离一般在 100m 以内。其缺点是带宽较小，容易损坏。

3．网线

网线（如图 2-4 所示）内部便是双绞线。通用的 Cat5 网线，内部由 4 对双绞线组成，传输百兆网络时使用其中的 2 对（1 对接收，1 对发送），传输千兆网络时使用 4 对（4 对同时收发）。

网线上传输的是数字信号，相比模拟信号来说，数字信号对信道噪声的耐受能力更强，在相同介质下的传输带宽更大。

随着监控系统向高清发展，早期的由同轴电缆组成的模拟视频监控系统逐步被淘汰，目前主流的监控系统基本采用以太网拓扑进行组网。

图 2-3　双绞线　　　　　　　　　　　图 2-4　网线

4．光纤

光纤是使用玻璃或塑料制成的纤维，利用光的"全反射"进行光传导。光纤的外层一般是一层塑料保护层（包层），其外面还有一层 PVC 防护套（防护层），如图 2-5 所示。

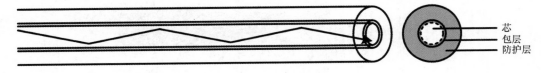

图 2-5　光纤

根据工作波长，光纤可分为紫外光纤、可见光光纤、近红外光纤和红外光纤。

根据传输模式，光纤可分为单模光纤和多模光纤，如图 2-6 所示。单模光纤是指用来传输单一光束的光纤，光源通常为激光，常用的工作波长为 1310nm 和 1550nm，传输距离可达 5km。多模光纤是指用来传输多条光束（不同角度或波长）的光纤，光源通常为 LED，工作波长通常为 850nm，传输距离一般为 500m。

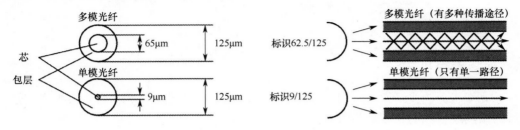

图 2-6　单模光纤和多模光纤

由于早期标准较多，光纤的接口有许多种，区别只是接口造型和连接的操作方式，性能相差不大。从结构外形上区分，常见的光纤接口类型有 FC 型（圆形带螺纹）、ST 型（卡接式、圆形）、SC 型（卡接式、方形）、FC/APC 型、SC/APC 型等，如图 2-7 所示。

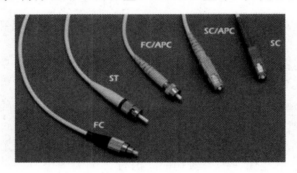

图 2-7　光纤接口

光纤以光波为载波传输各种信号，传输带宽大，同时，光纤还具有抗电磁干扰能力强、传输保密性好等优点。其缺点是机械强度较差，连接、分路、耦合不灵活，在使用过程中不宜过度弯曲和绕环，否则会增加光波在传输过程中的衰减。应保护好光纤接口，以免灰尘和油污影响光纤的耦合。

5．无线

脱离线缆，通过天线发送/接收无线电波来实现数据传输的方式称为无线传输。目前，在安防领域，主要通过 WI-FI、4G/5G 等技术来传输图像等大吞吐量数据；通过蓝牙、LoRa、NB-IOT 等无线技术来传输低吞吐量数据。无线传输的优点在于组网成本低（不用架设线缆），扩展性好。其缺点在于带宽较小，无中继时的传输距离较短，容易受干扰。

2.4.2　视频双绞线传输器

同轴电缆的阻抗为 75Ω，双绞线的阻抗一般为 100Ω，为了在两种不同的介质中传输视频信号，需要一个阻抗适配器，视频双绞线传输器（简称双绞器）就是这类产品，如图 2-8 所示。

图 2-8 双绞器（左：有源；右：无源）

2.4.3 视频光端机

视频光端机分为光纤发射机和光纤接收机，可以将模拟/数字视频信号转换为光信号，配合光纤网络实现视频的长距离传输。

光纤发射机是一台电/光信号转换装置，接收摄像机的视频输出，将其转换为光信号后传输给光缆的输入段。其作用是高效而准确地将视频信号（电信号）转换成光信号，耦合到光纤中去。光纤发射机电路通常使用 LED 作为光源。

光纤接收机则是对光纤信号进行光/电转换和处理，并将其恢复为原始视频信号（电信号）的设备。其通常使用光电二极管进行光/电转换，还可以进行信号放大。

视频光端机一般成对出售。从外观上有时并不好区分光纤发射机和光纤接收机，需要根据标签或者面板符号来区分。

视频光端机又分为模拟光端机和数字光端机。对模拟视频信号，可以采用调幅的方式进行调整。数字光端机可分为压缩型和非压缩型两种。非压缩型数字光端机的原理是将模拟视频信号进行 A/D 转换后和音频、数据等信号进行复接，再通过光纤传输；压缩型数字光端机一般采用 MPEG 压缩技术，将视频压缩成 N×2Mbps 的数据流，通过标准电信通信接口传输或者直接通过光纤传输。由于采用了视频压缩技术，压缩型数字光端机的信号传输带宽大大减小，但其缺点是不能保证图像传输的实时性，因为图像压缩与解压缩会产生 1～2s 的延时。

2.4.4 交换机和网络视频适配器

当摄像机内嵌芯片支持网络协议并配置了网络接口时，就可以直接连入网络传输视频信号了，这类摄像机称为网络摄像机。多个网络摄像机同时工作时，需要交换机进行信息交换。

交换机是一种基于 MAC 地址（网卡的硬件地址）识别，能够在通信系统中完成信息交换的设备。交换机有大量的接口（如图 2-9 所示），可用于连接各种终端设备来拓展网络。交换机具有数据封装、转发功能，可将局域网分成大量的冲突域，各冲突域拥有独立带宽，能够提高工作效率。

图 2-9 交换机

对模拟视频信号，也可以通过网络视频适配器（如图 2-10 所示）将其数字化，并将其转换为 TCP/IP 网络信号进行传输。

图 2-10 网络视频适配器

2.4.5　无线网桥

视频信号可以借助专用设备转换为无线信号进行传输。无线传输比有线传输更便利，部署成本更低，调试更简单，有效解决了远距离有线传输布线困难、线路复杂的问题。

按照工作频率，无线传输可分为微波传输、射频传输等。其中，射频传输标准以 IEEE 802.11 系列为主，目前常用以下几个标准。

（1）802.11：工作在 2.4GHz（2.4～2.4835GHz）频段，传输速率为 1Mbps 或 2Mbps。

（2）802.11a：工作在 5GHz 频段，提供 54Mbps 的传输速率，平均传输距离为 10～100m。

（3）802.11b：工作在 2.4GHz 频段，提供 11Mbps 的传输速率。

（4）802.11g：在 2.4GHz 频段上提供大于 20Mbps 的带宽，传输速率为 20～30Mbps，平均传输距离为 50 多米；

（5）802.11n：工作在 2.4GHz 和 5GHz 频段，提供最高 600Mbps 的传输速率，支持 MIMO 和 OFDM 技术，传输距离大大增加。

无线网桥（如图 2-11 所示）是网络间的桥接设备，采用无线射频的传输方式，实现两个或多个网络间的通信。无线网桥根据通信机制可分为电路型网桥和数据型网桥。无线网桥的射频范围以 2.4 GHz 频段和 5GHz 频段为主。

2.4.6　PoE 供电

PoE（Power over Ethernet）供电即网线供电技术，是在对现有的以太网 Cat5 布线基础架构不做任何改动的情况下，在为一些基于 IP 的终端（如网络摄像机等）传输数据的同时，还能为此类设备提供直流供电的技术。该技术很好地解决了实际工程中供电设备繁多、布线困难、安装不便的问题。一个完整的 PoE 系统包括供电端设备（Power Sourcing Equipment，PSE）和受电端设备（Powered Device，PD）两部分。

常用的 PoE 供电标准为 IEEE 802.3af、IEEE 802.3at。IEEE 802.3af 标准中的 PSE 供电功率应小于等于 15.4W，IEEE 802.3at 标准中的 PSE 供电功率应小于 30W。2018 年底，IEEE 802.3bt 标准通过审批，其支持 40～71W 的供电功率，以适应高功率设备在数据传输网络中的大面积使用。

支持 PoE 供电的双绞器如图 2-12 所示。

图 2-11　无线网桥

图 2-12　支持 PoE 供电的双绞器

2.4.7　网络损伤仪

根据知名咨询机构 Gartner 的研究，全球超过 70%的应用部署都是失败的。因为几乎所有应用的开发和测试都是在网络性能较好的局域网实验室内完成的，技术人员重点关注的是上层应用实现，而忽略了下层数据连接。

网络损伤仪可以轻松、灵活地模拟各种广域网环境，可以很容易地模拟出带宽限制、时延、时延抖动、丢包、乱序、重复报文、误码、拥塞等网络状况，有助于在实验室条件下准确、可靠地测试出网络应用在真实网络环境中的性能。

2.5　实施步骤

2.5.1　同轴电缆和双绞器传输

（1）按照图 2-13(a)进行设备连接，即用同轴电缆连接摄像机输出接口和硬盘录像机的模拟视频接口，再将显示器通过 VGA 接口与硬盘录像机相连；

（2）为各设备接上电源，启动摄像机与硬盘录像机，观察传输的视频并保存；

（3）按照图 2-13(b)进行设备连接，首先用双绞线将一对双绞器连接起来，然后用同轴电缆将摄像机、硬盘录像机与双绞器连接起来，再将显示器通过 VGA 接口与硬盘录像机相连；

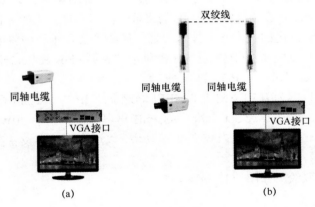

图 2-13　同轴电缆连接图

（4）重新接上电源，观察传输的视频并保存，与使用同轴电缆连接时的视频进行对比；

（5）实践内容拓展：

● 选择有源双绞器代替图 2-13(b)中的无源双绞器，进行设备连接与成像记录。

● 了解有源双绞器的 PoE 供电技术。

2.5.2　交换机传输

（1）设计组网图（参考图 2-14），进行 IP 地址规划（参考表 2-2）；

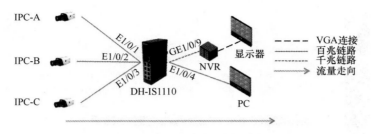

图 2-14 交换机传输的组网图

表 2-2 IP 地址规划

实 验 器 材	IP 地址
IPC-A	192.168.1.10/24
IPC-B	192.168.1.20/24
IPC-C	192.168.1.30/24
计算机	192.168.1.50/24
硬盘录像机	192.168.1.51/24

（2）按照组网图进行设备连接；

（3）为各设备接上电源，打开设备；

（4）启动计算机，打开 ConfigTool 软件，界面如图 2-15 所示；

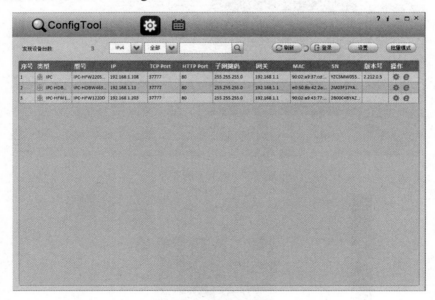

图 2-15 ConfigTool 界面

（5）待设备完全启动后，通过 ConfigTool 搜索在线设备；

（6）根据要求修改设备的 IP 地址，如图 2-16 所示；

（7）可选择在 ConfigTool 或 Web 端观察图像。Web 端登录方法：打开浏览器，在地址栏输入对应网络摄像机的 IP 地址即可。Web 端的图像如图 2-17 所示，ConfigTool 的图像如图 2-18 所示。

图 2-16　ConfigTool 的 IP 修改界面

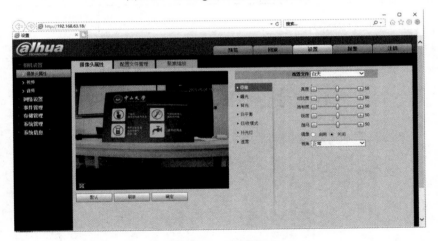

图 2-17　Web 端的图像

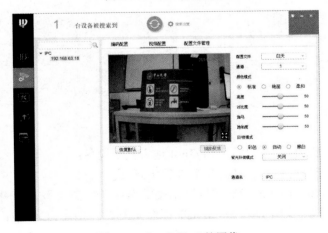

图 2-18　ConfigTool 的图像

（8）进入硬盘录像机，搜索在线设备，如图 2-19 所示；

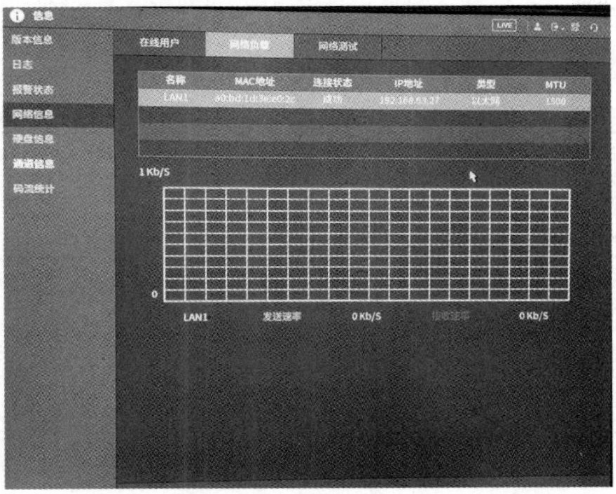

图 2-19　硬盘录像机搜索在线设备

（9）设置摄像机的 IP 地址，如图 2-20 所示；

（10）观察图像并保存。

图 2-20　硬盘录像机设置摄像机的 IP 地址

2.5.3　无线网桥传输

（1）设计组网图（参考图 2-21），进行 IP 地址规划（参考表 2-3）；

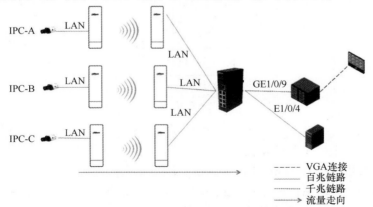

图 2-21　无线网桥传输的组网图

表 2-3　IP 地址规划

实 验 器 材	IP 地址
IPC-A	192.168.1.10/24
IPC-B	192.168.1.20/24
IPC-C	192.168.1.30/24
计算机	192.168.1.50/24
硬盘录像机	192.168.1.51/24

（2）按组网图进行设备连接，其中无线网桥的连接图如图 2-22 所示；

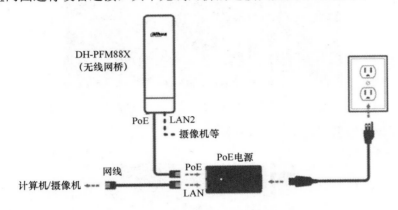

图 2-22　无线网桥的连接图

（3）为各设备接上电源，打开设备；

（4）启动计算机，打开 ConfigTool 软件；

（5）待设备完全启动后，通过 ConfigTool 搜索在线设备；

（6）根据要求修改设备的 IP 地址；

（7）可选择在 ConfigTool 或 Web 端观察图像（方法同交换机传输）。

2.5.4　网络损伤环境下不同编码方式的传输

（1）按图 2-23 进行设备连接；

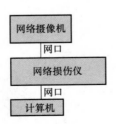

图 2-23　网络损伤仪连接图

（2）为各设备接上电源，打开设备；

（3）启动计算机，打开 ConfigTool 软件；

（4）待设备完全启动后，通过 ConfigTool 搜索在线设备；

（5）可选择在 ConfigTool 或 Web 端观察图像（方法同交换机传输）；

（6）设置网络损伤仪的损伤类型为"时延"，并调节不同时延参数，用手在摄像机前晃动，观察时延对传输到计算机中的图像的影响；

（7）设置网络损伤仪的损伤类型为"带宽限制""丢包""误码"等，重复上述步骤，观察不同的损伤类型和损伤程度对传输到计算机中的图像的影响；

（8）修改摄像机的编码参数（编码类型、码流大小），重复上述步骤，观察不同编码参数对图像的影响。

## 第 3 章

视频存储

3.1　学习目的

（1）了解不同类型存储设备的应用场景及工作原理，包括 RAID 等；

（2）掌握硬盘录像机、网络录像机的基本操作；

（3）了解云存储设备的工作原理，掌握云存储系统的基本操作。

3.2　实践内容

（1）熟悉通用的存储设备——网络录像机、高清硬盘录像机，对比它们之间的差异；

（2）连接摄像机和存储设备，实现实时视频查看；

（3）进入录像机本地功能操作界面，熟悉常用的基本操作，包括预览、存储、抓拍画面、录像回放、导出文件（不同格式）等；

（4）通过浏览器远程访问网络录像机的 Web 端，熟悉常用的基本操作；

（5）更改视频编码的参数（编码技术、压缩比、码率等），观察其对视频预览和存储的影响；

（6）设置 RAID 和热备盘，观察不同 RAID 技术的存储利用率；模拟磁盘的异常情况，观察不同 RAID 技术对存储数据恢复的影响；

（7）观察云存储设备的接口，连接前端和平台，实现视频实时查看；

（8）掌握云存储设备的基本操作，包括保存视频、抓拍画面、录像回放等。

3.3　准备材料

进行视频存储实践所需的器材如表 3-1 所示。

表 3-1　进行视频存储实践所需的器材

器 材 名 称	数 量	器 材 名 称	数 量
网络摄像机（同型号）	2 台	云存储设备	1 套

（续表）

器材名称	数量	器材名称	数量
同轴摄像机	1 台	计算机	1 台
电源适配器	若干	显示器	2 台
16 口桌面交换机	1 台	监控级硬盘	1 块
网络录像机	1 台	企业级硬盘	4 块
高清硬盘录像机	1 台	网线	若干
VGA/HDMI 连接线	3 根		

3.4　预备知识

3.4.1　数字存储技术

很多视频图像应用系统在无人值守的状态下长时间工作，且需要存储工作过程中的数据。早期人们使用磁带录像机来存储模拟音/视频数据，随着数字技术的发展，视频数据的存储工作由数字化存储设备（如硬盘录像机、网络录像机等）完成。这些数字化存储设备的存储介质主要为磁盘，包括软盘和硬盘等不同形态。

1．硬盘录像机

硬盘录像机（Digital Video Recorder，DVR）是数字视频监控时代的标志性产品。它是一套进行视频图像存储、处理的计算机系统，具有对视频图像/语音进行长时间录像/录音、远程监视和控制等功能，集成了多画面预览显示、录像、存储、云台镜头控制、报警控制、网络传输等多种功能。

随着摄像机分辨率的增加和网络摄像机的广泛使用，网络录像机（Network Video Recorder，NVR）逐渐成为主流。NVR 通过网络接收网络摄像机传输的数字视频码流，并对其进行存储、管理，支持网络化带来的分布式架构。NVR 和 DVR 的主要区别是，DVR 可以接入模拟视频信号，不需要配置 IP 地址；NVR 只能接入网络摄像机的信号，且必须配置 IP地址。相应的传输线路、配套设备也有所不同，如图 3-1 所示。

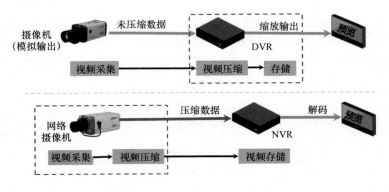

图 3-1　NVR 与 DVR 的区别

对高清同轴视频系统，有 HCVR（高清硬盘录像机）可以支持。HCVR 不仅能够用于高清同轴视频系统，还可接入网络摄像机。

具有一定规模的视频监控系统都需要进行数据集中存储，还需要具有设备管理、视频转发等功能，因此相应的 CVR（视频中心存储）、EVS（网络集中存储）等技术得到了开发和应用。这些技术通过 iSCSI 等网络存储协议实现了应用服务器和存储设备之间的高速通信，实现了大量数据的集中存储和管理。

2．存储硬盘的选择

由于视频监控系统需要长时间、连续地存储数据，对相应的存储介质——硬盘的选择非常重要。通常的选择原则是，确定存储容量后，选择 7200 转及以上的高速硬盘，且硬盘应达到监控级或更高级，不建议使用 PC 级硬盘。

存储容量的计算需要综合考虑视频的清晰度、存储路数、存储时长和冗余量。视频的清晰度决定了视频的实时数据流量（码流值）。码流值会随着视频内容复杂度和传输线路性能的改变而改变。假设码流值稳定不变，则存储容量的理论估算公式如下：

存储容量(TB) = 码流值(Mbps)×通道路数÷8×3600×小时数×天数÷1024÷1024

以 2MP（Mega-Pixels）分辨率，H.265 编码为例进行计算，设码流值=2Mbps，则：

1 路 1 天的存储容量=2Mbps×60×60×24÷8=21GB；

16 路 1 天的存储容量=21GB×16=0.33TB；

1 块 4T 硬盘可以存储的天数：4÷0.33=12。

3．设备接口

DVR 的接口如图 3-2 所示，相应的接口说明见表 3-2。

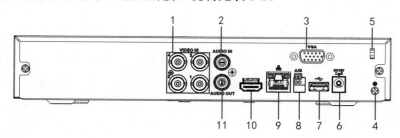

图 3-2　DVR 的接口

表 3-2　DVR 的接口说明

序　号	标　　识	名　　称	说　　明
1	VIDEO IN	视频输入接口	连接模拟摄像机，接入视频信号
2	AUDIO IN	音频输入接口	连接话筒等音频输入设备
3	VGA	VGA 视频输出接口	输出模拟视频信号，可连接监视器查看输出的视频
4	⏚	接地端	—
5		电源线锁扣	将电源线用扎带固定到设备上，防止丢失
6	DC12V	电源输入接口	输入 12V 直流电源

（续表）

序　号	标　识	名　　称	说　　明
7	⟶⟵	USB 2.0 接口	连接鼠标、USB 存储设备等
8	A	RS-485 通信接口	RS-485_A 接口，控制 485 设备的 A 线，用于连接外部球机云台等设备
	B		RS-485_B 接口，控制 485 设备的 B 线，用于连接外部球机云台等设备
9	🖧	网络接口	100Mbps 以太网接口
10	HDMI	高清多媒体接口	高清音/视频信号输出接口，将未经压缩的高清视频和多声道音频信号传输给具有 HDMI 接口的显示设备
11	AUDIO OUT	音频输出接口	连接音响等设备

NVR 的接口如图 3-3 所示，相应的接口说明见表 3-3。

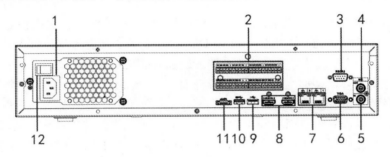

图 3-3　NVR 的接口

表 3-3　NVR 的接口说明

序　号	名　　称	说　　明
1	电源接口	• NVR608 系列，输入 110～240V 交流电源 • NVR608R 系列，输入 100～240V 交流电源
2	报警接口	—
3	RS-232 接口	RS-232 透明调试串口，用于普通串口调试、IP 地址配置、透明串口数据传输
4	音频输出接口	将模拟音频信号传输给音响等设备
5	音频输入接口	连接话筒等音频输入设备
6	VGA 视频输出接口	输出模拟视频信号，可连接监视器查看输出的视频
7	网络接口	2 个 10/100/1000Mbps 自适应以太网接口，可连接网线
8	高清多媒体接口	高清音/视频信号输出接口，将未经压缩的高清视频和多声道音频信号传输给具有 HDMI 接口的显示设备
9	USB 接口	连接鼠标、USB 存储设备、刻录光驱等
10	USB 3.0 接口	连接鼠标、USB 存储设备、刻录光驱等
11	eSATA 接口	SATA 的外接式接口
12	电源开关	电源开关（说明：仅 NVR608-32-4KS2 系列产品支持）

EVS 的接口如图 3-4 所示。

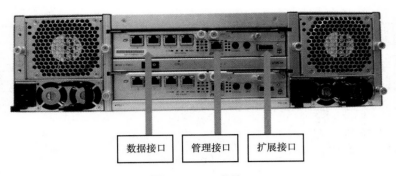

数据接口　　管理接口　　扩展接口

图 3-4　EVS 的接口

3.4.2　RAID 技术

大型的视频应用系统需要快速、超大容量的外存储器子系统来存储视频数据。

RAID（Redundant Array of Independent Disk，独立冗余磁盘阵列）技术是存储技术领域的一个非常传统、经典的技术。RAID 技术把多块独立的磁盘（物理硬盘）按不同方式组合起来，形成一个逻辑整体，即磁盘阵列。磁盘阵列由一台磁盘阵列控制器统一控制与管理，该技术能够提高存储容量、加快读/写速度、提高冗余特性（用户数据发生损坏后，利用冗余信息使损坏的数据得以恢复，从而保障用户数据安全），可以提供比单块磁盘更高的存储性能，同时支持高效的并行访问。组成磁盘阵列的不同方式称为 RAID 的级别（RAID Level）。

注意：使用 RAID 技术必须配套企业级硬盘。

RAID 技术经过不断的发展，现在已拥有从 RAID 0 到 RAID 6 七个基本的 RAID 级别。另外，还有一些基本 RAID 级别的组合形式，如 RAID 10（RAID 0 与 RAID 1 的组合），RAID 50（RAID 0 与 RAID 5 的组合）等。不同的 RAID 级别代表着不同的存储性能、数据安全性和存储成本。

1. RAID 0

RAID 0（如图 3-5 所示）又称 stripe 或 striping，它在所有 RAID 级别中具有最强的存储性能。RAID 0 增强存储性能的原理是把连续的数据分散到多块磁盘上存储，这样，系统的数据请求就可以被多块磁盘并行执行，每块磁盘执行属于它自己的那部分数据请求。这种并行操作可以充分利用总线的带宽，显著提高磁盘整体的存储性能。

简单来说，RAID 0 就是把所有磁盘组合起来进行虚拟化，不做冗余校验，所有数据分散在组成磁盘上，性能非常优异，但其要承担由磁盘损坏带来的风险。RAID 0 的总容量等于最小磁盘容量乘以磁盘数量。

2. RAID 1

RAID 1（如图 3-6 所示）又称 mirror 或 mirroring，它的宗旨是最大限度地保证用户数据的可用性和可修复性。RAID 1 的操作方式是把用户写入磁盘的数据百分之百地自动复制到另外一块磁盘上。由于对存储的数据进行百分之百的备份，因此在所有 RAID 级别中，RAID 1 能够提供最高级别的数据安全保障。同样，由于数据百分之百的备份，备份数据占用了总存储空间的一半，因此其缺点是磁盘空间利用率低，存储成本高。

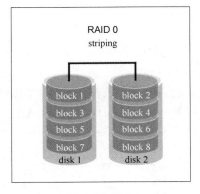

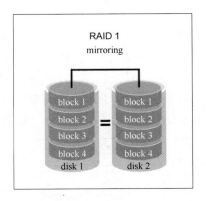

图 3-5　RAID 0　　　　　　　　　　图 3-6　RAID 1

3．RAID 2

RAID 2（如图 3-7 所示）是为大型机和超级计算机开发的带海明码（加重平均纠错码）校验的磁盘阵列。其原理是将数据条块化地分布于不同的磁盘上，条块单位为位或字节，并使用海明码的编码技术来提供错误检查及恢复。这种编码技术需要多块磁盘存储检查及恢复信息，使得 RAID 2 实施起来更复杂，因此 RAID 2 在商业环境中很少使用。由于 RAID 2 的特殊性，其使用的磁盘驱动器越多，校验盘在其中占的百分比越少。如果希望得到比较理想的速度和较好的磁盘利用率，最好增加保存校验码的磁盘，确保数据冗余。

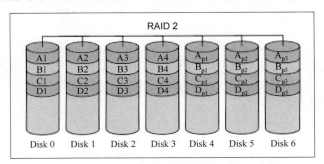

图 3-7　RAID 2

4．RAID 3

RAID 3（如图 3-8 所示）采用位交叉奇偶校验码，这种校验码与海明码不同，只能查错，不能纠错。RAID 3 由多块数据盘和一块校验盘组成。数据以位为单位条带化地分布在数据盘上，每个条带生成的奇偶校验信息存放在校验盘上。访问数据时，一次处理一个带区，这样可以提高读/写速度。RAID 3 与 RAID 0 一样，以并行的方式存储数据，但速度没有 RAID 0 快。校验码在写入数据时产生并存储在另一块磁盘上。实现时用户必须要有 3 个以上的驱动器，写入速率与读出速率都很高，由于校验位比较少，因此计算时间相对较短。RAID 3 主要用于图形（包括动画）等对吞吐率要求较高的场合。不同于 RAID 2，RAID 3 使用单块磁盘存放奇偶校验信息，如果一块磁盘失效，校验盘及其他数据盘可以重新产生数据，且校验盘失效不会影响数据使用。RAID 3 对大量的连续数据可提供很好的传输率，但对随机数据，校验盘会影响写操作。因为每个写请求产生新的校验信息时，都需要访问校验盘。利用单独的校验盘来保护数据虽然没有备份的安全性高，但是使磁盘利用率得到了很大提高。

5．RAID 4

RAID 4（如图 3-9 所示）采用块交叉奇偶校验码，也是由多块数据盘和一块校验盘组成的。RAID 4 是在 RAID 3 的基础上衍生出来的，其与 RAID 3 的不同之处在于，其数据是以块为单位条带化地分布在数据盘上的，每个条带生成的奇偶校验信息存放在校验盘上。RAID 4 数据恢复的难度比 RAID 3 大，其控制器的设计难度也大很多。校验盘同样会影响 RAID 4 的性能。

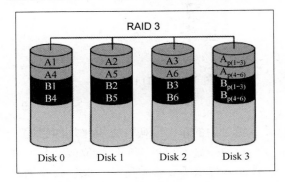

图 3-8　RAID 3　　　　　　　　图 3-9　RAID 4

6．RAID 5

RAID 5（如图 3-10 所示）采用分布式奇偶校验码。为了解决校验盘影响 RAID 4 性能的问题，RAID 5 中没有独立的校验盘，它的奇偶校验码存放于所有磁盘中。RAID 5 的读取效率很高，写入效率一般，块式的集体访问效率不错。因为其奇偶校验码存放在不同的磁盘上，所以可靠性高，允许单块磁盘出错，因为即使任何一块磁盘损坏了，也可以根据其他磁盘上的校验位来重建损坏的数据。根据校验信息分布方式的不同，RAID 5 有左对称、左不对称、右对称和右不对称 4 种数据布局方式。

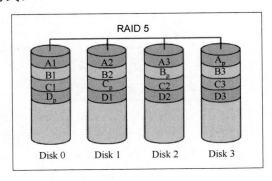

图 3-10　RAID 5

RAID 5 的磁盘的利用率较高，为 $N-1/N$，但是其数据传输的并行性较差，而且控制器的设计也相当困难。RAID 3 与 RAID 5 的区别在于，RAID 3 每进行一次数据传输，需涉及所有的阵列盘。而 RAID 5 大部分的数据传输只需对一块磁盘操作。RAID 5 存在"写损失"，即每次写操作将产生 4 个实际的读/写操作，其中 2 次读旧的数据及奇偶信息，2 次写新的数据及奇偶信息。

7．RAID 6

RAID 6（如图 3-11 所示）是对 RAID 5 的扩展，主要用于要求数据零出错的场景。RAID 6 在 RAID 5 的基础上增加了一种校验信息，其按一定的方式存放在数据盘上，增强了容错功能。但是由于引入了第二种奇偶校验码，其需要 $N+2$ 块磁盘，同时使控制器的设计变得更复杂，奇偶校验和验证数据正确性花费的时间更多。

8．RAID 7

RAID 7（如图 3-12 所示）采用优化的高速数据传送磁盘结构，是目前理论上性能最好的 RAID 级别。RAID 7 与其他 RAID 级别有明显区别。RAID 7 所有的 I/O 传送均是同步进行的，可以分别控制，提高了系统的并行性，提高了系统访问数据的速度；每块磁盘都带有高速缓冲存储器，可以满足不同实时操作系统的需要；允许使用 SNMP 协议进行管理和监视，可以为校验区指定独立的传送信道以提高效率；可以连接多台主机，因为加入了高速缓冲存储器，当多用户同时访问系统时，访问时间接近于 0；采用并行结构，数据访问效率大大提高。需要注意的是，引入高速缓冲存储器的问题是，一旦系统断电，高速缓冲存储器内的数据就会全部丢失，因此 RAID 7 需要和 UPS 一起工作。

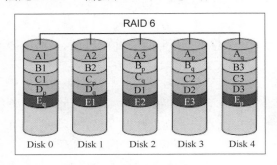

图 3-11　RAID 6

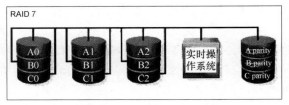

图 3-12　RAID 7

9．RAID 10

RAID 10（如图 3-13 所示）是一种混合型的磁盘阵列，其将 RAID 0 与 RAID 1 的优势结合在一起，形成了一种可靠的磁盘阵列。RAID 10 首先采用 RAID 0 将用户数据并行写入磁盘阵列中，然后将数据备份到另一块磁盘上。这种混合阵列中，磁盘的个数为偶数，一般至少需要 4 块磁盘，允许有一半的磁盘失效。设置成 RAID 10 模式的阵列容量等于最小磁盘容量乘以磁盘个数再除以 2。RAID 10 在实际系统中应用较广泛，图像处理、数据库服务器、一般文件服务器、备份磁盘驱动器等对存储速度和数据安全性都有要求的应用，会优先考虑使用 RAID 10。

10．RAID 50

RAID 50（如图 3-14 所示）也是一种混合型的磁盘阵列，其具有 RAID 5 和 RAID 0 的共同特性，它由两组 RAID 5 磁盘阵列组成（每组最少 3 个），每组都使用了分布式奇偶码，这两组磁盘被组建成 RAID 0。RAID 50 提供可靠的数据存储和优秀的整体性能，支持更大的卷尺寸。即使两块磁盘发生故障（每个磁盘阵列中一块），数据也可以恢复。RAID 50 最少需要 6 个磁盘驱动器，它最适合应用于对可靠性存储、读取速度、传输性能要求较高的场景中，如包括许多事务处理和有许多用户存取文件操作的办公应用程序。

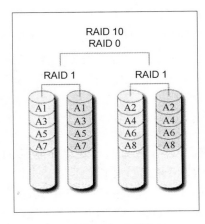

图 3-13　RAID 10　　　　　　　　　　图 3-14　RAID 50

11．实现方式

RAID 有两种实现方式：软件阵列与硬件阵列。

软件阵列（软 RAID）是指通过网络操作系统自身提供的磁盘管理功能将连接在普通 SCSI 卡上的多块磁盘配置成逻辑盘，组成阵列，如微软的 Windows NT/2000 Server 可以提供 RAID 0、RAID 1、RAID 5，NoVell 的 NetWare 操作系统可以实现 RAID 1。软件阵列可以提供数据冗余功能，但是磁盘子系统的性能会有所降低。

硬件阵列（硬 RAID）是使用专门的磁盘阵列卡实现的，如各种 RAID 卡及集成在主板上的 RAID 芯片，或者带 RAID 加速功能的 CPU 等。硬件阵列能够提供在线扩容、动态修改阵列级别、自动数据恢复、驱动器漫游、超高速缓冲等功能。它能提供数据保护、可靠性、可用性和可管理性的解决方案。磁盘阵列卡拥有一个专门的处理器和一个专门的存储器，用于高速处理和高速缓存数据。服务器对磁盘的操作直接通过磁盘阵列卡进行，不需要占用大量的系统内存资源，不会降低磁盘子系统的性能。

12．RAID 容量计算

各种 RAID 级别需要的磁盘数和相应的总容量如表 3-4 所示。

表 3-4　各种 RAID 级别需要的磁盘数和相应的总容量

RAID 级别	最少磁盘数	N 块磁盘的总容量
RAID 0	2	$N \times \min(\text{capacity}N)$
RAID 1	2	$\min(\text{capacity}N)$
RAID 5	3	$(N-1) \times \min(\text{capacity}N)$
RAID 6	4	$(N-2) \times \min(\text{capacity}N)$
RAID 10	4	$(N/2) \times \min(\text{capacity}N)$
RAID 50	6	$M \times (N-1) \times \min(\text{capacity}N)$

表 3-4 中，$\min(\text{capacity}N)$ 是所有磁盘中容量最小的磁盘的容量，M 是指 RAID 50 中 RAID 5 的数量。

3.4.3 云存储

云存储的概念与云计算类似，它是指通过集群应用、网格技术或分布式文件系统等功能，将网络中大量不同类型的存储设备通过应用软件集合起来，协同工作，共同对外提供数据存储和业务访问功能。云存储对用户来说，不是指某个具体的设备，而是指一个由许多存储设备和服务器构成的集合体。用户使用云存储，并不是使用某个存储设备，而是使用整个云存储系统提供的数据访问服务。

云存储能够协同网络中各种异构的存储系统，它在结构上可以分成 4 层：访问层、应用接口层、基础管理层和存储层。

对当前的视频监控系统来说，除了按照云存储模式存储视频图像数据，还需要更多的智能分析算法，如节点智能分析、实时结构化、云摘要等。图 3-15 是用于视频监控系统的云存储系统组网图。智能云存储系统是基于分布式集群架构的，能提供视频监控设备接入，视频存储、转发的服务集群系统。

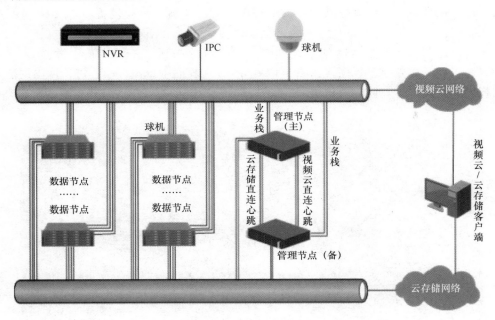

图 3-15　用于视频监控系统的云存储系统组网图

智能云存储系统是大数据时代视频数据分析业务的基础模块，其关键在于海量前端的接入管理能力、高可靠的视频图像存储能力、弹性的流媒体转发能力。同时，智能云存储系统解决了视频分析效率低下的问题，实现了由看视频到搜视频的实时摘要交互方式，实现了快速检测、提取活动目标，能够识别运动目标的特征属性，呈现目标快照和短时视频。

云存储网络与业务网络是隔离的。将存储业务服务器（使用标准云存储系统的业务服务器）接入同一个业务网络，可利用云存储的各种功能，搭建灵活、可靠的云存储系统。将智能云存储/视频云存储业务服务器（使用智能云存储/视频云存储的业务服务器）接入同一个智能云存储/视频云存储业务网络，可利用智能云存储/视频云存储的各种功能，搭建灵活、可靠的智能云存储系统。

在智能云存储系统中，各节点的线缆连接情况如下。

（1）通过网络直连主、备管理节点的心跳网口，确保心跳线连接可靠，并将主、备管理节点的业务网口接入智能云存储/视频云存储业务网络，将存储网口接入云存储网络。

（2）将数据节点的业务网口和云存储网口分别接入对应的智能云存储/视频云存储业务网络和存储业务网络。

（3）将计算机分别接入对应的智能云存储/视频云存储业务网络和存储业务网络，可通过客户端实现对集群的管理和维护。

3.5 实施步骤

3.5.1 高清硬盘录像机多路视频输入

（1）连接摄像机与高清硬盘录像机（HCVR），接通电源，启动设备，登录 HCVR（初始用户名、密码参考使用说明书）；

（2）进入主菜单（如图 3-16 所示），单击"摄像头"按钮，在 HCVR 中添加摄像机；

（3）进入视频接入显示界面（如图 3-17 所示），在界面中单击鼠标右键，调出快捷菜单，分别选择"单画面""四画面""八画面"等选项，进行画面显示模式切换。

图 3-16　主菜单

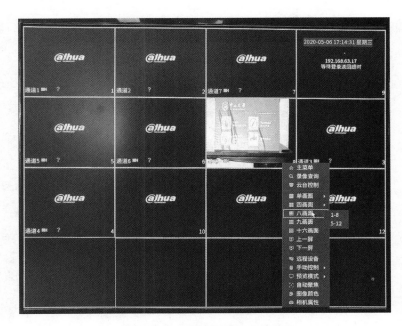

图 3-17　视频接入显示界面

3.5.2　高清硬盘录像机抓拍画面

（1）选择合适的画面显示模式；

（2）在 HCVR 的 USB 接口上插入 U 盘。

（3）将鼠标光标移动至期望抓拍的画面顶端，界面上会自动出现快捷图标菜单，单击"手动抓图"按钮，即可抓拍对应的画面并保存，如图 3-18 所示。

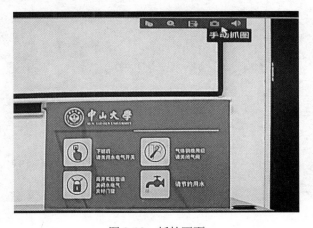

图 3-18　抓拍画面

3.5.3　高清硬盘录像机录像存储

（1）HCVR 默认自动开启录像，录像开启后，对应视频画面的左下角会出现绿色的摄影机图标 ；

（2）如果录像没有自动开启，可以在监控画面单击鼠标右键，在弹出的快捷菜单中选择

"主菜单"选项，然后单击"存储"按钮，在"存储"界面进行设置，如图 3-19 所示，选择"录像控制"选项卡，开启对应视频通道的录像；

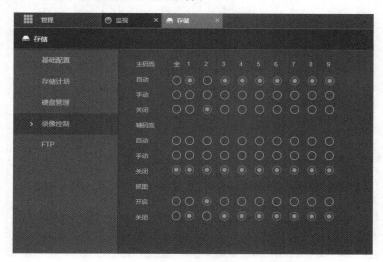

图 3-19　存储界面（通道 2 关闭）

（3）HCVR 可以存主码流也可以存辅码流，主辅码流的编码模式（H.264/H.265）、分辨率、帧率、码流值等可以在"视频码流"界面更改，如图 3-20 所示；

图 3-20　视频码流界面

（4）使用两个相同的摄像机，分别调整其编码模式、分辨率、帧率、码流值，同时拖动两个通道到预览界面，对比预览效果，存储视频，抓拍画面，对比差异。

3.5.4　高清硬盘录像机录像回放

（1）在监控画面单击鼠标右键，选择"主菜单"选项，进入主菜单后，单击"录像回放"

按钮；

（2）在录像回放界面，依次选择要查看的摄像机和要查看的日期（数字下方有白点的日期说明有录像已被存储），在时间轴上选择要查看的时间段，单击"▶"按钮，即可查看回放录像，如图 3-21 所示。

图 3-21　录像回放界面

3.5.5　高清硬盘录像机录像文件导出

（1）视频监控录像导出文件的格式默认为 DAV，用户也可选择导出 MP4 格式的文件。默认导出主码流录像，如果存储了辅码流（低分辨率），也可导出辅码流录像，导出界面如图 3-22 所示；

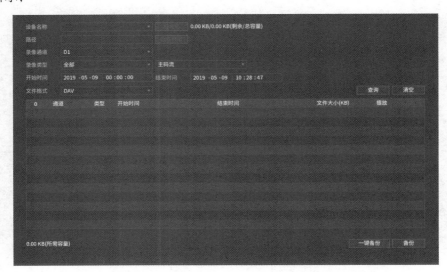

图 3-22　导出界面

（2）使用 U 盘导出录像，查看不同格式录像文件的大小。

3.5.6 远程登录网络录像机

（1）在网络录像机（NVR）的 Web 端进行操作前，应确保计算机与设备已接入同一网络，并且计算机的 IP 地址与设备的 IP 地址处于同一网段；

（2）打开浏览器，在地址栏中输入设备的默认 IP 地址，按 Enter 键，系统将显示 Web 登录界面，如图 3-23 所示；

图 3-23　Web 登录界面

（3）输入用户名和密码，选择登录类型，登录类型包括 TCP、UDP 和组播，默认为 TCP；

（4）单击"登录"按钮，NVR 主界面如图 3-24 所示（首次登录时，系统会提示安装控件）；

（5）单击"监视"按钮，查看实时预览；

（6）单击"录像回放"按钮，查看录像回放。

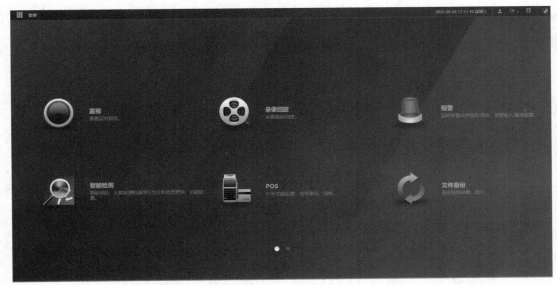

图 3-24　NVR 主界面

3.5.7 设置 RAID 功能

1. 创建 RAID

本实践内容要求两个小组合作完成。一组将两块磁盘设置成 RAID 5，将一块磁盘设置成热备盘；另一组将 3 块磁盘设置成 RAID 0。

选择"主菜单"—"存储"—"Raid"—"Raid 配置"选项，单击右下角的"一键 Raid"或"手动创建"按钮，创建 RAID。

（1）"一键 Raid"（仅支持创建 RAID 5）：无须选择磁盘，系统将自动创建一个 RAID 5，至少需要 3 块磁盘，其中两块进行 RAID 配置，如图 3-25 所示，一块用于热备，如图 3-26 所示。

可在"热备盘管理"选项卡下查看热备盘信息，当 RAID 组中的成员盘故障或异常时，热备盘将替换该磁盘进行工作，避免数据丢失，保证存储系统的可靠性。

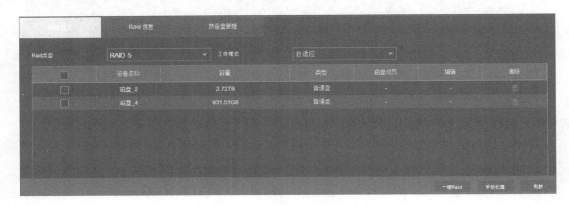

图 3-25　RAID 配置

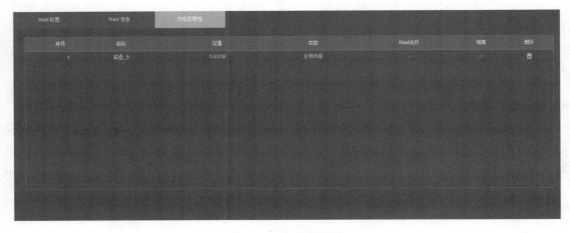

图 3-26　热备盘管理

（2）"手动创建"：先选择 RAID 类型，然后按照系统提示选择磁盘个数，单击"手动创建"按钮，系统提示将清空数据，最后单击"确定"按钮，系统执行创建操作。

2．查看 RAID

选择"主菜单"—"存储"—"Raid"—"Raid 信息"选项，查看已创建的 RAID 信息，如图 3-27 所示，查看 RAID 的容量、类型、磁盘成员、热备盘等。

图 3-27 查看 RAID

3．对比冗余性差异

手动拔掉一块磁盘，查看 RAID 信息，对比 RAID 组的工作状态，对比冗余性差异。

3.5.8 云存储设备的基本操作

（1）安装并登录 DSS 客户端。

● 下载 DSS 客户端并安装，通过 DSS 客户端实现智能云存储系统相关的业务操作；

● 打开 DSS 客户端，输入用户名、密码、DSS 管理平台的 IP 地址和端口号，登录 DSS 客户端。

（2）本地配置：根据用户的使用习惯，设置客户端操作的相关参数，包括基本配置参数、视频参数、录像回放等。

（3）预览：登录 DSS 客户端后，系统默认显示"预览"界面（系统支持开启多个"预览"界面）。

（4）录像回放：查看回放录像，将录像下载至本地（按照说明书中的操作步骤实现指定时间段的录像回放，剪切指定时间段的录像并将其下载至本地）。

（5）视频上墙：接入解码通道后，系统支持通过电视墙功能实现在大屏上直观地展示视频或数据报表等信息（按照说明书中的操作步骤完成视频上墙、设置轮巡、设置电视墙计划等操作）。

（6）云摘要：按照说明书中的操作步骤从海量视频数据中快速检测、提取活动目标，实现人、车、物的分类，识别运动目标的特征属性，呈现目标快照和短时视频。

## 第 4 章

视频显示

4.1 学习目的

（1）熟悉不同的显示技术（CRT、液晶、等离子、LED、投影、OLED 等）；

（2）了解显示器的常用接口（VGA 接口、DVI、HDMI、YPbPr 接口、AV 接口、IR 接口等）及其特性；

（3）熟悉显示器的技术参数（亮度、分辨率等）；

（4）了解显示器的基本操作。

4.2 实践内容

（1）观察多种显示器的组成及显示效果，理解各显示器显示原理的差异；

（2）熟悉显示器与前端信号的连接方式，熟悉信号输入接口；

（3）通过菜单设置，更改液晶显示器的亮度、对比度、清晰度、分辨率等参数，观察显示效果的变化。

4.3 准备材料

进行视频显示实践所需的器材如表 4-1 所示。

表 4-1 进行视频显示实践所需的器材

器 材 名 称	数 量
LCD 监视器	1 台
LED 显示器（含发送卡）	1 套
LCD 拼接屏	1 组
摄像机	3 台
硬盘录像机	1 台
HDMI/VGA 线	若干
电源线/网线	若干
计算机	1 台
100 倍放大镜	1 个

4.4 预备知识

4.4.1 显示器的类型

显示器可将视频信号转换成可视图像。更广义地说，显示器是一种将目标电子文件通过特定设备显示到屏幕上以便人眼观测的可视化信息展示工具，它在影视娱乐、工业控制等领域起着重要的信息传递作用，极大丰富了人们的生活，有力促进了工业自动化及人工智能产业的发展，正慢慢延伸到人们生活所能触及大部分领域。随着科学理论的进步和制造技术水平的提升，显示器的信息呈现方式和制造方法都在不断改变，其理论和技术的更新迭代最终都将表现为便捷、高效、美观的视觉传递。目前，根据显示器组成原理和制造技术应用的不同，其主要包括 CRT 显示器、液晶显示器、等离子显示器、LED 显示器、投影仪、OLED 显示器等。

1. CRT 显示器

CRT 名为"阴极射线显像管"（Cathode Ray Tube），主要由 5 部分组成：电子枪（Electron Gun）、偏转线圈（Deflection Coils）、荫罩（Shadow Mask）、高压石墨电极和荧光粉涂层（Phosphor）及玻璃外壳。通过偏转线圈控制电子束从左向右、从上而下进行扫描，轰击在荧光层上，使显像管发光成像。

2. 液晶显示器

液晶显示器（Liquid Crystal Display，LCD）是目前应用最广泛的一种显示器，尤其是在中、小型显示系统和桌面显示系统中，其构成和工作原理见本书 4.4.2 节。

3. 等离子显示器

等离子显示器是一种利用气体放电发光的显示设备，其工作原理与日光灯很相似。它采用等离子管作为发光元件，屏幕上每个等离子管对应一个像素，屏幕以玻璃作为基板，基板之间的间隙形成一个个放电空间。在放电空间内充入氖、氙等混合惰性气体作为工作媒质，在两块玻璃基板的内侧面涂上金属氧化物导电薄膜作为激励电极。当在电极上加电压时，放电空间内的混合气体便会发生等离子体放电现象，也称电浆效应。等离子体放电产生紫外线，紫外线激发涂有红、绿、蓝荧光粉的荧光屏，荧光屏发出可见光，从而显示出图像。

CRT、液晶与等离子显示器如图 4-1 所示。

CRT显示器　　　　　　液晶显示器　　　　　　等离子显示器

图 4-1　CRT、液晶与等离子显示器

4．LED 显示器

LED 显示器（如图 4-2 所示）是由 LED 点阵组成的电子显示器，主要分为显示模块、控制系统及电源系统。其原理是通过控制系统控制 LED 的亮暗情况，从而实现文字、动画、图片、视频等的呈现。LED 的发光颜色和发光效率与制作 LED 的材料和工艺有关。由于 LED 的工作电压低（1.2～4.0V），能主动发光且亮度能用电压（或电流）调节，具有光强度高、功耗较小等优点，加上其本身又耐冲击、寿命长（10 万小时），因此快速发展并广泛应用于多个领域。在大型的显示设备中，尚无其他的显示器能够与 LED 显示器匹敌。近年来，LED 显示器模块化发展迅速，已经可以实现利用小面积的 LED 模组拼接成任意尺寸的室内外中、大型显示器。

图 4-2　LED 显示器

5．投影仪

投影仪又称投影机，是一种可以将图像或视频投射到幕布上的设备，可以通过不同的接口与计算机设备相连，显示相应的视频图像。

6．OLED 显示器

OLED（Organic Light-Emitting Diode）名为"有机电致发光显示技术"，是 UIVOLED 技术的一种。其发光原理是，从阴、阳两极分别注入电子和空穴，被注入的电子和空穴在有机层内传输，并在发光层内复合，从而激发发光层分子产生单态激子，单态激子辐射衰减而发光。

投影仪和 OLED 显示器如图 4-3 所示。不同的显示器类型都有着各自的优缺点，但总体上呈现出轻量化、色彩清晰逼真等发展趋势。

投影仪　　　　　　　　　　　　　　　　　OLED显示器

图 4-3　投影仪和 OLED 显示器

4.4.2　液晶显示器

不同类型的显示器的硬件组成和显示原理不同，下面以液晶显示器为例，通过介绍液晶显示器的构成、工作原理，详细地介绍显示器视觉传递的整个过程。

1．液晶显示器的构成

液晶显示器由液晶面板和背光模组构成，其结构如图 4-4 所示。

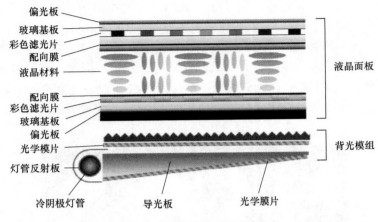

图 4-4　液晶显示器的构成

液晶面板各部分介绍如下。

偏光板（Polarizer）可分为上偏光板和下偏光板，上、下偏光板的偏振方向相互垂直，其作用就像栅栏一样，能够按照要求阻隔光波分量，例如，阻隔与偏光板栅栏垂直的光波分量，只准许与栅栏平行的光波分量通过。

玻璃基板（Glass Substrate）可分为上基板和下基板，在上、下基板之间的间隔空间内放置有液晶材料，玻璃基板的材料一般为机械性能优良、耐热、耐化学腐蚀的无碱硼硅玻璃。对 TFT-LCD 而言，一层玻璃基板上设置有 TFT（薄膜晶体管），另一层玻璃基板上设置有彩色滤光片（Color Filter，其作用是产生红、绿、蓝 3 种基色光，实现液晶显示器的全彩显示）。通过 TFT 上的信号与电压变化来控制液晶分子的转动方向，可控制每个像素点偏振光射出与否，从而达到显示目的。

配向膜（Alignment Layer）又称定向层，其作用是让液晶分子能够在微观尺寸的层面上实现均匀排列。

液晶材料（Liquid Crystal Material）在液晶显示器中起到一种类似光阀的作用，是一类介于固态和液态之间的有机化合物，在常温条件下，既有液体的流动性，又有晶体的光学各向异性，加热后会变成透明液态，冷却后会变成结晶的混浊固态。其通过控制透射光的明暗，达到信息显示的目的。

2．工作原理

在电场作用下，液晶分子会发生排列上的变化，从而影响入射光束透过液晶材料后的强度，这种光强度的变化，进一步通过偏光片的作用表现为明暗的变化。因此，通过对电场的控制可以实现对光线明暗的控制，从而达到信息显示的目的。值得指出的是，因为液晶材料本身并不发光，所以液晶显示器通常需要为显示面板配置额外的光源，该光源系统称为"背光模组"，其中，导光板是由荧光物质组成的，可以发射光线，其作用主要是提供均匀的背光源。

4.4.3　显示器的技术参数

显示器的显示质量和物理属性的评价标准通常由对应的技术参数来描述，主要的技术参数包括亮度、分辨率、色彩度、对比度、响应时间、可视角度和可视面积。下面以液晶显示器为例进行介绍。

1. 亮度

液晶显示器的最大亮度通常由背光源来决定，背光源灯管的数目关系着液晶显示器的亮度，另一个决定亮度的因素是开口率，即光线能透过的有效区域与整个液晶屏幕面积的比例。

2. 分辨率

分辨率是指单位面积显示像素的数量，详见 4.4.5 节。液晶显示器的分辨率是固定不变的，当液晶显示器使用非标准分辨率时，必须要通过运算来模拟出显示效果，由于所有的像素不是同时放大的，因此存在缩放误差，使得文本显示效果变差，文字的边缘被虚化。而对于 CRT 显示器而言，只要调整电子束的偏转电压，就可以改变分辨率。

3. 色彩度

色彩度是液晶显示器的重要指标。根据三原色原理，任何一种色彩都由 3 种基本色组合而成。在显示领域，最常见的就是 RGB 彩色模型，即选择红、绿、蓝（R、G、B）为 3 种基本色。因此，三基色的位深度决定了液晶显示器可显示的颜色数量。例如，分辨率为 1024×768 的液晶显示器的液晶面板上有 1024×768 个像素点，每个独立的像素色彩是由红、绿、蓝 3 种基本色控制的。如果每种基本色的位深度达到 6 位，即有 2^6=64 种表现度，那么每个独立的像素点就有 64×64×64=262144（=2^{18}）种色彩。如果每种基本色的位深度能达到 8 位，即有 2^8=256 种表现度，那么每个独立的像素点就有高达 256×256×256=16777216（=2^{24}）种色彩，实现了真彩色。而专业显示器基本色的位深度可以更高，如 10 位、12 位等。

4. 对比度

对比度是最大亮度值（全白）与最小亮度值（全黑）的比值。液晶显示器在制造时，选用的控制 IC、彩色滤光片和定向膜等配件均与液晶面板的对比度有关。

5. 响应时间

响应时间是指液晶显示器对输入信号的响应时间，也就是液晶材料由暗转亮或由亮转暗的响应时间，通常以 ms（毫秒）为单位。响应时间越短越好，如果响应时间太长，就有可能使液晶显示器在显示动态图像时有"拖尾"的感觉。一般情况下，小于 6ms 的响应时间可以有效地消除拖尾。

6. 可视角度

液晶显示器的可视角度左右相等，而上下则不一定相等。例如，当背光源的入射光通过偏光板、液晶材料及配向膜后，输出光便具备了一定的方向特性，也就是说，大多数从屏幕射出的光具备了垂直方向。假如从一个非常斜的角度观看一个全白的画面，我们可能会看到黑色或发现色彩失真。一般来说，上下角度要小于或等于左右角度。如果可视角度为左右80°，表示在始于屏幕法线80°的位置时可以清晰地看见屏幕图像。由于各厂家使用的标准不同，国际上也没有明确的规定，因此仅根据厂家提供的产品参数是无法进行可视角度的比较的。而且，由于每个人的视线范围不同，如果没有站在最佳的可视范围内，每个人看到的颜色和亮度也会有误差，因此在挑选液晶显示器时，主观评测比较重要。

7. 可视面积

液晶显示器所标识的尺寸就是其实际可以使用的屏幕范围。例如，一个15.1英寸的液晶显示器的可视面积约等于一个17英寸的CRT显示器的可视面积。

4.4.4　显示器的常用接口

1. VGA 接口

VGA（Video Graphics Array，视频图形阵列）是IBM于1987年提出的一个使用模拟信号的计算机显示标准。VGA接口（如图4-5所示）即计算机采用的VGA标准输出数据的专用接口。VGA接口共有15个针脚，分成3排，每排5个针脚。VGA接口是显卡上应用最广泛的接口，绝大多数显卡都带有VGA接口，其用于传输红、绿、蓝模拟信号及同步信号（水平和垂直信号）。

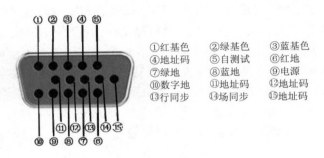

①红基色　②绿基色　③蓝基色
④地址码　⑤自测试　⑥红地
⑦绿地　　⑧蓝地　　⑨电源
⑩数字地　⑪地址码　⑫地址码
⑬行同步　⑭场同步　⑮地址码

图4-5　VGA 接口

2. DVI

DVI（Digital Visual Interface，数字视频接口）是1998年9月在Intel开发者论坛上成立的数字显示工作小组（Digital Display Working Group，DDWG）发明的一种用于高速传输数字信号的接口，包括DVI-A、DVI-D和DVI-I三种不同类型，如表4-2所示。DVI-D只有数字接口，DVI-I有数字和模拟接口，目前应用得较多的是DVI-D。

表4-2　DVI 说明

类型	规格	分　布	针脚数	信号类型	可否转换为VGA	最大分辨率
DVI-A	双连接		12+5	模拟	不可以	—
DVI-I	单连接		18+5	数字/模拟	可以	1920×1200

（续表）

类型	规格	分 布	针脚数	信号类型	可否转换为 VGA	最大分辨率
DVI-I	双连接		24+5	数字/模拟	可以	2560×1600 1920×1200
DVI-D	单连接		18+1	数字	不可以	1920×1200
	双连接		24+1	数字	不可以	2560×1600 1920×1080

3．HDMI

HDMI（High Definition Multimedia Interface，高清多媒体接口）是一种全数字化音/视频发送接口，其说明如表 4-3 所示，可用于发送未压缩的音/视频信号。HDMI 可用于机顶盒、DVD 播放机、计算机、电视、游戏主机、数字音响等设备。HDMI 可以同时发送音频和视频信号，音频和视频信号采用同一条线发送，解决了系统线路安装难的问题。

表 4-3 HDMI 说明

接口类型	标准 HDMI	迷你（mini）HDMI	微型（micro）HDMI
外 观			
说 明	宽约为 14m，厚约为 4.5mm 常见于电视、显卡	宽约为 10.5mm，厚约为 2.5mm 常见于显卡、相机、手机、平板电脑	宽约为 6mm，厚约为 2.3mm 常见于手机、平板电脑

4．YPbPr

YPbPr 接口（如图 4-6 所示）也叫色差分量接口，采用的是 EIA-770.2a 标准。还有一种接口被称为 YCbCr 接口，两者的区别在于 YPbPr 接口逐行扫描色差输出，YCbCr 接口隔行扫描色差输出。色差输出将 S-Video 传输的色彩度信号 P 分解为色差 Pr 和 Pb，避免了两路色差混合解码并再次分离的过程，也保持了色彩度通道的最大带宽，而 Y 是亮度信号。YPbPr 接口不是数字接口，而是模拟接口。YPbPr 接口可以接同轴电缆，也可以接 BNC 接头，还可以接普通 RCA 端子（莲花头）。

彩色图

图 4-6　YPbPr 接口

5．AV 接口

AV 接口又称复合视频接口（Composite Video Connector），是家用影音电器用来发送视频模拟信号（如 NTSC、PAL、SECAM）的常见接口，如图 4-7 所示。AV 接口通常采用两个黄色的 RCA 端子传送视频信号，另外配合两个红色和两个白色的 RCA 端子传送音频信号。

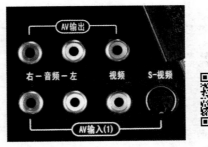

彩色图

图 4-7　AV 接口

6. IR 接口

IR 接口即红外接口，是一种基于红外线无线传输协议的无线传输接口。广泛使用的家电遥控器几乎采用的都是红外线传输技术，作为无线局域网的传输方式，红外线传输的最大优点是不受无线电干扰。但是，红外线对非透明物体的穿透性较差，传输距离有限。

4.4.5　分辨率

分辨率是清晰度的重要评价标准，是显示器制造领域工艺水平提升的重点考虑因素之一。其可进一步细分为显示分辨率、图像分辨率、角分辨率、扫描分辨率、设备分辨率、位分辨率等。

1. 显示分辨率

显示分辨率指显示器所能显示的像素的多少，用于衡量屏幕图像的精细度。由于屏幕上呈现的点、线和面都是由像素组成的，因此显示器可显示的像素越多，画面就越精细，同样的屏幕区域内能显示的信息也就越多。

可以把整幅图像想象成是一个棋盘，而显示分辨率就是所有经线和纬线交叉点的数目。当显示分辨率固定时，显示器越小，图像越清晰；当显示器大小固定时，显示分辨率越高，图像越清晰。

显示分辨率通常用"水平像素数×垂直像素数"的形式表示，如 800×600，1024×768，1280×1024 等，也可以用规格代号表示。液晶显示器的像素间距是固定的，所支持的显示模式没有 CRT 显示器多。不同显示模式的分辨率见表 4-4。

表 4-4　不同显示模式的分辨率

标　屏	分　辨　率	宽　屏	分　辨　率
QVGA	320×240	WQVGA	400×240
VGA	640×480	WVGA	800×480
SVGA	800×600	WSVGA	1024×600
XGA	1024×768	WXGA	1280×720 / 1280×768 / 1280×800
XGA+	1152×864	WXGA+	1366×768
SXGA	1280×1024/1280×960	WSXGA	1440×900
SXGA+	1400×1050	WSXGA+	1680×1050
UXGA	1600×1200	FHD	1920×1080(1080P)

（续表）

标　屏	分　辨　率	宽　屏	分　辨　率
QXGA	2048×1536	WUXGA	1920×1200
WQXGA	2560×1600	UHD	3840×2160(4K)
		QUHD	7680×4320(8K)

液晶显示器的最佳分辨率也叫最大分辨率，在该分辨率下，液晶显示器才能显示出最佳影像。

2．图像分辨率

图像分辨率是指在计算机中保存和显示的数字图像具有的分辨率，它和图像的像素有直接关系。对于同样尺寸的图像，图像分辨率越高，组成该图像的像素数目越多，像素点越小，图像越清晰、逼真。图像分辨率有多种测量方法，典型的是使用每英寸的像素数（Pixel Per Inch，PPI），当然也有使用每厘米的像素数（Pixel Per Centimeter，PPC）的。图像分辨率和图像尺寸一起决定了图像文件的大小，且该值越大，图像文件所占用的存储空间就越多。图像文件大小与图像分辨率的平方成正比，如果保持图像尺寸不变，将图像分辨率提高一倍，则其文件大小将变为原来的 4 倍。

PPI 的计算公式如下：

$$\text{PPI} = \frac{\sqrt{X^2 + Y^2}}{Z} \tag{4-1}$$

式中，X 是宽度方向像素数，Y 是高度方向像素数，Z 是屏幕对角线的长度。

3．角分辨率

角分辨率（Pixels Per Degree，PPD）又称空间分辨率，指视场角平均 1° 视野区域内填充的像素点的数量，其原理如图 4-8 所示。

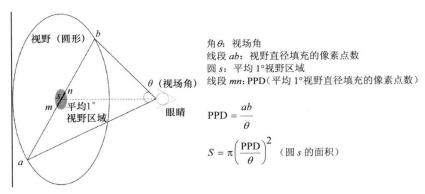

图 4-8　角分辨率原理

不同于手机屏幕用 PPI 来判定屏幕清晰度，头显产品（如 VR 眼镜、VR 一体机、头戴 AR 等）的清晰度是通过 PPD 来衡量的。因为使用头显产品的人是透过光学系统看屏幕放大的虚拟图像（简称虚像）的，而不直接看屏幕，所以单纯地用 PPI 是无法衡量头显产品清晰度的。

视野的单位区域可用"平均 1°视场角的区域"来表示，对头显产品来说，"平均 1°视场角的区域"即"以 PPD 为直径的圆"。因此，通过圆的面积公式可以得出"平均 1°视场角的区域"的像素点数量与"PPD 的值的平方"成正比。所以 PPD 越大，人眼视野中单位区域的画面内填充的像素点越多，用户就会觉得显示画面越清晰。PPD 提高一倍，同一视野区域内填充的像素点数量为原来的 4 倍。

4．扫描分辨率

扫描分辨率是指在扫描一幅图像之前设定的分辨率，它影响所生成的图像文件的质量和性能，决定图像将以何种方式显示。如果扫描图像用 640×480 分辨率的屏幕显示，则扫描分辨率不必大于一般显示器的屏幕分辨率，即一般不超过 120DPI（Dots Per Inch，每英寸像素点数）。大多数情况下，扫描是为了将图像用高分辨率的设备输出。如果扫描分辨率过低，会导致输出的效果非常粗糙。但如果扫描分辨率过高，数字图像中会存在很多不需要的信息，不仅会减慢输出速度，而且会在输出时使图像色调的细微过渡丢失。

5．位分辨率

图像的位分辨率（Bit Resolution）又称位深，用来衡量每个像素点存储信息的位数。一般常见的有 8 位、16 位、24 位或 32 位。有时我们也将位分辨率称为颜色深度。所谓"位"，实际上是指"2"的平方次数，8 位即是 2 的 8 次方，也就是 8 个 2 相乘，等于 256。所以，一幅 8 位颜色深度的图像所能表现的色彩等级是 256 级。

4.5　实施步骤

4.5.1　观察多种显示器的外观

（1）观察不同显示器的外观，并写出它们的特征和差异；

（2）针对液晶显示器像素点的分布，通过 100 倍放大镜查看各厂家液晶显示器中液晶排列顺序的不同之处。

4.5.2　熟悉信号输入接口

观察液晶显示器的输入接口，写出它们的特征和差异。

1．HDMI

（1）观察液晶显示器的 HDMI，说明你所看到 HDMI 与表 4-3 中的哪个外形相符；

（2）接入前端信号设备，分别测试 1.5m、5m、10m、20m、25m 等长度的线缆，并观察液晶显示器画面的变化情况，得出 HDMI 线缆的最佳长度。

2．VGA 接口

（1）观察液晶显示器的 VGA 接口，VGA 接口有 15 个针脚，实际用到了多少个？

（2）接入前端信号设备，分别测试 1.5m、5m、10m、20m、25m 等长度的线缆，并观察液晶显示器画面的变化情况，得出 VGA 线缆的最佳长度。

3．DVI

（1）观察液晶显示器的 DVI，了解 DVI 的类型；

（2）接入前端信号设备，分别测试 1.5m、5m、10m、20m、25m 等长度的线缆，并观察液晶显示器画面的变化情况，得出 DVI 线缆的最佳长度。

4.5.3　更改液晶显示器的参数

（1）通过遥控器或按键更改液晶显示器的亮度、对比度等参数，并通过拍照记录每个参数变化时显示画面的变化情况；

（2）更改输入信号源的分辨率，观察显示画面的清晰度变化；

（3）将液晶显示器与安防设备等其他设备连接进行实验（参考与前端设备连接的实验，并做好相关实验数据记录）。

## 第 5 章

中心与云台控制

5.1　学习目的

（1）熟悉监控中心设备的接口和功能；

（2）理解监控中心控制的工作原理：控制方式、协议等；

（3）掌握电视墙控制的操作方法；

（4）理解球机云台控制的工作原理：控制方式、协议等；

（5）掌握用计算机键盘控制云台的操作方法（选做）。

5.2　实践内容

（1）观察由监控中心设备集成的监控平台的设备接口，连接系统；

（2）进入集成监控平台的 Web 操作界面，熟悉其常用功能的操作，如视频解码、电视墙显示、轮巡播放等；

（3）观察通用摄像机云台及接口，观察网络键盘的接口；

（4）进入硬盘录像机操作界面，实现通用云台控制：变倍、预置点、轮巡、线扫、巡航等；

（5）操控网络键盘摇杆，实现通用云台控制：变倍、预置点、轮巡、线扫、巡航等。

5.3　准备材料

进行中心与云台控制实践所需的器材如表 5-1 所示。

表 5-1　进行中心与云台控制实践所需的器材

器 材 名 称	数　量
网络球机	1 台
室内或室外云台（支持 PELCOD 协议或 RS-485 协议）	1 个
集成控制平台（视频综合平台 M70-E 带编/解码卡）	1 台
网络键盘（NKB5000）	1 个
显示器（HDMI）	若干

（续表）

器 材 名 称	数　　量
HDMI 线	若干
计算机	1 台
电源适配器	若干
电源线、网线	若干

5.4　预备知识

5.4.1　中心控制设备

大中型视频监控系统都配置有监控中心来对系统内的设备进行控制，这就需要一套集成控制平台。集成控制平台一般包括系统主机（一体式或分体式）、网络键盘及通过外总线（RS-485 通信总线等）控制的远端解码器等。另外，监控中心通常配有电视墙/拼接大屏等显示设备。在传统的视频监控系统中还要部署中心存储设备。

1．系统主机

集成控制平台的核心是系统主机，系统主机通常将系统控制单元与视频矩阵切换器集成为一体，功能是实现多路音/视频信号的选择切换和对前端设备的各种控制。系统主机的核心部件是 CPU、视频编码接入卡（编码卡）和视频解码输出卡（解码卡）。编码卡实现视频采集编码功能，现有设备基本都支持 H.264/H.265/MPEG 等编码协议。解码卡实现解码显示功能，现有设备基本都支持 H.264/H.265/MPEG/SVAC 等解码协议。对前端设备的各种控制是由 CPU 完成的，CPU 接收控制面板上的控制指令，按照一定的通信协议，通过各种接口芯片将信号发送给前端设备，同时扫描、接收前端设备反馈的状态信息，并进行相应处理。

从设备结构上看，系统主机大体可分为一体式和分体式两种。一体式系统主机将系统主控器、视频矩阵切换器等集成于一体，可控制的视频信号路数有限，一般不超过 32 路。分体式系统主机多采用总线式、模块化结构，类似计算机，可以根据实际需求灵活组合各部件，相应接口也灵活可调。

2．网络键盘及远端解码器

网络键盘用于对整个集成控制平台进行操控。远端解码器接收主控端设备的控制指令，对其进行解码并执行要求的动作。网络键盘与远端解码器一般通过 RS-485 通信总线与系统主机相连。现在的视频监控系统，也可以通过网线相互连接。网络键盘属于主控端设备，远端解码器则通常安装在远端摄像机附近，以便控制操作。

网络键盘可以实现监控画面的选择切换、云台控制、电动镜头控制、雨刷控制等。网络键盘上一般有 LED 显示器或者液晶显示器，用于显示控制指令或者系统内监控点的工作状态。网络键盘通常还配有摇杆，可以令镜头缩放、云台转动等操控更加灵活方便，如图 5-1 所示。

图 5-1　网络键盘

远端解码器与系统主机配合使用，通过多芯控制线与云台、摄像机、防护罩相连，通过通信线路与系统主机相连。远端解码器应选用与系统主机同一品牌的，因为不同厂家的解码器与系统主机的通信协议、编码方式不同。随着网络摄像机的普及，现在有些厂家也推出了具有多品牌兼容性的集成控制平台和解码器。

3．RS-485 通信协议

RS-485 通信协议的正式名称是 TIA/EIA-485-A。它是美国电子工业协会（EIA）和美国通信工业协会（TIA）共同制定的通信标准。

RS-485 通信协议用于多点通信，其传输速率可达 10Mb/s，通信距离可达 1200m。基于 RS-485 的通信采用两线平衡差分信号的传输方式，传输介质推荐使用双绞线，布线时需要考虑双绞线的特性阻抗并进行终端阻抗匹配。双绞线可以有效减少高速率、长距离传输数字信号时常见的辐射电磁干扰（radiated EMI）和接收电磁干扰（received EMI）。

RS-485 通信总线有两线制和四线制两种接线方式。四线制只能实现点对点的通信，目前很少采用；两线制能够实现总线式拓扑结构，在同一条总线上最多可以挂接 32 个节点。

5.4.2　云台

云台是安装、固定摄像机的支撑设备，分为固定云台和电动云台两种。固定云台适用于监视范围不大的工况，在固定云台上安装好摄像机后，可调整摄像机水平和俯仰的角度，在达到最佳的工作姿态后锁定调整机构即可。电动云台适用于大范围扫描监视，它可以扩大摄像机的监视范围。电动云台姿态的调整是由两台执行电机来实现的，电机接收控制信号并精确地进行定位，在控制信号的作用下，云台上的摄像机既可以自动扫描监视区域，也可以在监控中心值班人员的操控下跟踪监视对象。

如图 5-2 所示，电动云台内部有两个电机，分别负责云台上下和左右的转动，其工作电压决定了云台的整体工作电压，常见的有交流 24V、交流 220V 及直流 24V。当收到上下动作电压时，垂直电机转动，经减速箱带动垂直传动轮盘转动；当收到左右动作电压时，水平电机转动，经减速箱带动云台底部的水平齿轮盘转动。一般来说，水平旋转角度为 0°～350°，垂直旋转角度为 0°～90°。恒速云台的水平旋转速度一般为 3°～10°/s，垂直旋转速度为 4°/s 左右。变速云台的水平旋转速度一般为 0°～32°/s，垂直旋转速度为 0°～16°/s。在一些高速摄像系统中，云台的水平旋转速度高达 480°/s 以上，垂直旋转速度高达 120°/s 以上。

按外形，电动云台可分为普通型和球型。普通型云台与摄像设备可分离，云台仅作为一个提供方位控制的底座；球型云台把摄像设备安置在一个半球形或球形的防护罩中，方便将其固定于天花板、侧壁等位置，除了能够防止灰尘干扰图像，还更加隐蔽、美观。

图 5-2　电动云台

云台控制包括对云台设备转动、聚焦、变倍、快速定位等操作的控制，云台控制对图像的高质量采集起着重要作用。

电动云台上有远程通信模块，此通信模块用于实现云台和控制台之间的通信，一方面将控制台发出的指令传输给云台，另一方面将云台的数据反馈给控制台。

云台控制器是云台最核心的模块，能实现两个主要功能：将接收到的控制指令进行解码，转换为控制电机运行的控制信号；根据控制信号，驱动云台上的电机进行相应动作。通信模块的信号传输方式根据现实工况来确定，常用的为网络传输和 RS-485 传输。下面以网络球机的云台控制为例，解析云台的工作过程，如图 5-3 所示。

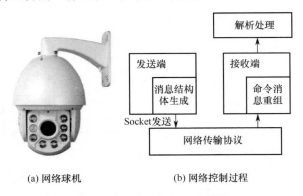

(a) 网络球机　　　　　(b) 网络控制过程

图 5-3　网络球机的云台控制

（1）网络控制过程：通过网线传输控制信号，利用网络录像机、Web 端、网络键盘等远程控制网络球机的动作，如图 5-3(b)所示，控制步骤如下。

● 控制命令传输方案总体设计。
● Socket 和多线程实现。
● 固定格式二进制数据的发送。
● 控制命令数据的接收和解析。

（2）RS-485 控制过程：通过球机的 RS-485 接口设置控制协议、控制地址等，RS-485 芯片采用 DS75176，电路使用 NMOS 管 2N7002K（作为开关，切换收发）。

5.4.3　云台控制协议

云台是通过云台解码器与计算机串口或并口相连的，程序通过向云台解码器发送指令实现云台控制。这里的指令是由云台控制协议确定的，云台控制协议即通过网络设备控制球机时，球机内部主控单元与云台子单元间通信的协议。

常见的云台控制协议包括派尔高 D 协议（PELCOD1、PELCOD2、PELCOD3、PELCOD4）、派尔高 P 协议（PELCOP1、PELCOP2、PELCOP3）、科立解码器通信协议 RV800、CCVE 闭路监控系统通信协议 HD600 等。派尔高 D 协议是球机早期企业派尔高公司推出的球机控制协议，后来被行业内各大厂商推广使用。以下以 PELCOD4 为例，介绍云台控制算法的实现。

云台控制算法依据 PELCOD4，通过在程序端向云台连接的 COM 端口发送特定格式的指令进行云台操控。云台控制协议指令格式如表 5-2 所示。

表 5-2　云台控制协议指令格式

Byte1	Byte2	Byte3	Byte4	Byte5	Byte6	Byte7
同步字	地址码	命令字 1	命令字 2	数据 1	数据 2	校验码

在表 5-2 中，所有值都是用十六进制数表示的。同步字通常是$FF，地址码是指与视频矩阵通信的那台设备的逻辑地址，可以在设备中设置。数据 1、数据 2 表示镜头上下、左右平移的速度。不过对低端云台来说，速度是不可设的。

命令字 1 和命令字 2 的设置如表 5-3 所示。

表 5-3　命令字 1 和命令字 2 的设置

内　容	bit7	bit6	bit5	bit4	bit3	bit2	bit1	Bit0
命令字 1	Sence 码	0	0	自动/手动扫描	摄像机打开/关闭	光圈关闭	光圈打开	焦距减小
命令字 2	焦距拉远	视角变宽	视角变窄	上	下	左	右	0

可见，为了控制云台进行上下左右 4 个方向的运动，只要对应设置命令字 2 中的 bit4、bit3、bit2、bit1 为 1 即可。例如，若向右运动，则将 bit4～bit1 指定为 0001；若向右下方运动，则将 bit4～bit1 指定为 0101。全部位都为 0 的指令为停止指令。

把置位完成后的指令发送给云台 COM 端口，它会使云台一直按指令运动，直至新的指令被传入。这样，每发送一次指令，便能让云台做出实时反应。不过，云台能否跟上目标，取决于云台和目标的速度差（低端云台的速度是固定的）。跟踪目标程序所需的云台控制指令如表 5-4 所示。

表 5-4　跟踪目标程序所需的云台控制指令

十六进制指令	云台动作
FF 01 00 00 00 00 00	停止
FF 01 00 04 01 00 00	左转

（续表）

十六进制指令	云台动作
FF 01 00 02 00 00 00	右转
FF 01 00 10 00 00 00	朝上转动
FF 01 00 08 00 00 00	朝下转动

5.5　实施步骤

5.5.1　将多种视频设备接入监控中心，并控制视频信号上电视墙

1. 硬件连接

将多种视频设备通过网络交换机连接到集成控制平台（以视频综合平台 M70-E 为例），将解码卡连接到电视墙上进行显示，硬件连接如图 5-4 所示。

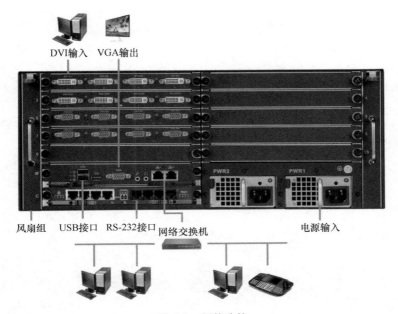

图 5-4　硬件连接

2. 网络连接

分别设置计算机和 M70-E 的 IP 地址、子网掩码和网关，确认计算机和 M70-E 已经正确接入网络。

3. 登录 Web 端

在浏览器地址栏中输入 M70-E 控制器的 IP 地址（以 192.168.1.108 为例），登录界面如图 5-5 所示（用户名及密码见产品说明书）。

1）添加信号源

（1）本地信号源：插上编码卡自动获取；

（2）网络信号源：整体网络配置成功后，可以自动或手动添加设备，图 5-6 是手动添加网络摄像机（或录像机）视频信号的界面。

图 5-5　登录界面

图 5-6　手动添加摄像机视频信号

2）电视墙控制

在屏幕控制界面单击　　按钮，创建一个 2×2 的电视墙，做拼接融合，然后在该界面进行屏幕控制。屏幕控制界面如图 5-7 所示。

图 5-7　屏幕控制界面

3）信号上墙

（1）在"设备树"选项卡中，选择本地信号下的信号，如图 5-8 所示；

（2）单击![]按钮，然后将光标移至相应的屏幕中；

（3）单击鼠标左键，将该信号输出到指定的屏幕上；

（4）将本地信号和网络信号分别移至屏幕上，设置两个预案，一个预案使用 4 分屏显示，另一个预案使用 16 分屏显示；

（5）将两个预案设置成轮巡播放。

图 5-8　选择信号上墙

5.5.2　观察摄像机云台及接口

（1）观察摄像机云台，包括云台可活动范围及其水平方向连续旋转的特性，了解云台的网络接口；

（2）记录各种云台或者带云台的摄像机的云台配置参数，包括旋转角度范围、速度、预置位数量等。

5.5.3　利用视频监控设备实现云台控制

1．硬件连接

将多种视频设备通过网络交换机连接到集成控制平台（以视频综合平台 M70-E 为例），将解码卡连接到电视墙上进行显示，视频采集设备采用网络球机，硬件连接如图 5-9 所示。

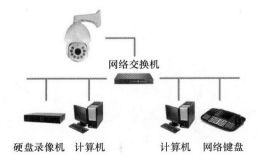

图 5-9　硬件连接

2. 设置网络设备的 IP 地址

分别设置网络球机、硬盘录像机、计算机、网络键盘的 IP 地址、子网掩码和网关，确认连接成功。

3. 硬盘录像机控制球机云台

（1）首先选择"摄像头"—"云台设置"选项，默认为"串口"控制模式，若云台类型为"网络"，则无须设置协议，若云台类型为"本地"，则在使用本地云台前，先设置云台控制协议，选择 PELCOD，如图 5-10 所示；

图 5-10　云台参数设置

（2）在预览界面，单击"云台控制"按钮，显示云台控制界面，如图 5-11 所示；

（3）界面左侧的 8 方向轮盘可以控制球机的运动方向，单击这 8 个方向按钮，观察球机的运动；

（4）步长可以控制球机运动的速度，分别设置步长为 1、5、8，观察球机运动速度的变化；

（5）变倍、聚焦、光圈分别对应球机的光学放大/缩小、聚焦前景/后景、图像亮度高低，分别控制这 3 个参数，观察球机的变化。

图 5-11　云台控制界面

4. 网络键盘控制球机云台

利用图 5-12 所示的网络键盘实现球机的云台控制，图中各部分的功能说明见表 5-5。

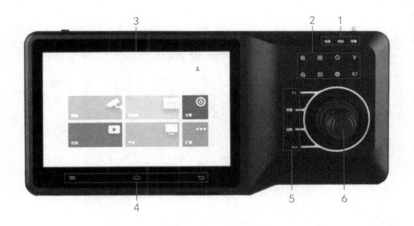

图 5-12　网络键盘

表 5-5　网络键盘功能说明

序号	标　识	功　　能
1	电源	工作电源指示灯。网络键盘工作电源正常时，该指示灯为绿色
	网络	网络指示灯。网络键盘网络连接正常时，该指示灯为绿色
	报警	报警指示灯。网络键盘有报警发生时，该指示灯为红色
2	⊕、⊖	设置云台镜头的变倍
	⊡、⊟	设置云台镜头的聚焦
	◌、✖	设置云台镜头的光圈
	♀	控制球机灯光
	▱	控制球机雨刷
3	无	触摸显示屏，显示键盘屏幕菜单
4	☰	导航条
	⌂	主页
	⮌	返回
5	Fn	功能键，默认线扫
	预置	云台控制，预置点
	巡航	云台控制，点间巡航
	Aux	辅助键，默认巡迹
6	无	摇杆，辅助菜单及功能操作

进行如下操作。

（1）观察设备接口，并记录各接口的功能。

（2）登录网络键盘（用户名、密码见说明书）。

（3）选择"设置"—"设备"选项，在界面中添加球机。

（4）在预览界面（如图 5-13 所示）选择球机，然后用摇杆控制球机云台。

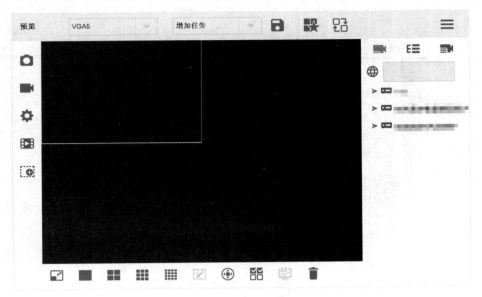

图 5-13　预览界面

5.5.4　编程实现云台控制（选做）

根据云台控制协议（PELCOD4）或 RS-485 通信协议，设计、编写云台控制函数，实现用计算机键盘的方向键进行不同方向的云台运动控制。

## 第 6 章

视频监控系统

6.1　学习目的

（1）熟悉视频监控系统的设备组成和工作原理；

（2）掌握视频监控系统的设备连接、操作，实现核心业务功能；

（3）了解视频监控系统的设计、选型。

6.2　实践内容

（1）完成视频监控系统设备选型表；

（2）基于设备选型表，连接视频监控系统，实现视频采集、传输、存储、中心控制等功能。

6.3　准备材料

进行视频监控系统实践所需的器材如表 6-1 所示。

表 6-1　进行视频监控系统实践所需的器材

器 材 名 称	数　　量
室内视频监控系统	1 套
室外视频监控系统	1 套

6.4　预备知识

6.4.1　视频监控系统介绍

视频监控系统是一个跨行业的综合性保安系统，该系统运用了世界上先进的传感技术、监控摄像技术、通信技术和计算机技术，是一个多功能、全方位监控的高智能化的处理系统。闭路电视监控系统能给人直接的视觉、听觉感受，且对被监控对象能进行实时、客观的记录，因此在当前安防领域中被广泛使用。

视频监控系统一直是监控领域的热点，它因直观、方便、信息内容丰富而在多个行业得到广泛应用，视频监控系统的发展与电子、通信技术的发展息息相关，就其发展的阶段看，主要经历了以下阶段。

1. 基于模拟传输的视频监控系统

在 20 世纪 90 年代以前，闭路监控系统设备主要以模拟设备为主，这样的闭路监控系统称为第一代视频监控系统，即模拟视频监控系统。这种基于模拟图像的视频监控系统随着电视、摄像机的诞生而诞生，其主要由摄像机、视频矩阵切换器、光端机、录像机等组成，如图 6-1 所示。其用于传输模拟视频信号，使用串口控制，传输距离有限，远距离传输时需要使用光传输设备，监控方式单一，智能化、集成度不高。

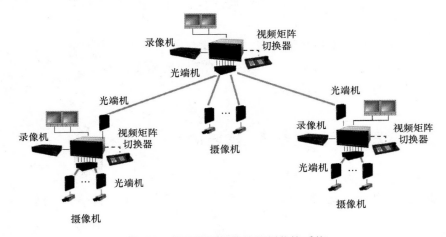

图 6-1　基于模拟传输的视频监控系统

2. 数模混合视频监控系统

20 世纪 90 年代中期，随着计算机处理能力的提高和数字视频技术、嵌入式技术的发展，人们利用计算机及专用大规模集成电路的高速数据处理能力进行视频的采集和处理，完成该任务的系统称为数模混合视频监控系统（第二代视频监控系统），如图 6-2 所示。数模混合视频监控系统大大提高了图像质量，增强了视频监控的功能。整个系统音/视频信号的采集和存储形式主要为数字形式，质量较高，但是视频信号的传输和显示基本还采用模拟信号。DVR 是第二代视频监控系统的核心产品，有采用 PC 平台的（已经趋于淘汰）和嵌入式的两种。在较大型的项目中，仍然会使用视频矩阵切换器使图像能够被分配给任意的监视器使用。整个系统中，数字视频信号和模拟视频信号并存，被同时处理。

3. 网络数字视频监控系统

20 世纪 90 年代末，随着网络带宽、计算机处理能力和存储容量的迅速提高，以及多种实用的视频信息处理技术的出现，视频监控系统进入了全新的网络时代，此时的视频监控系统称为网络数字视频监控系统（第三代视频监控系统），如图 6-3 所示。

网络数字视频监控系统以网络为依托，以数字视频的压缩、传输、存储和显示为核心，以智能实用的图像分析为特色，引发了视频监控行业的技术革命。

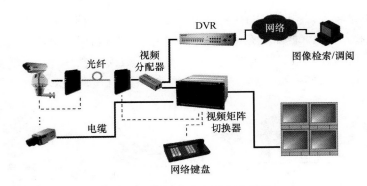

图 6-2 数模混合视频监控系统

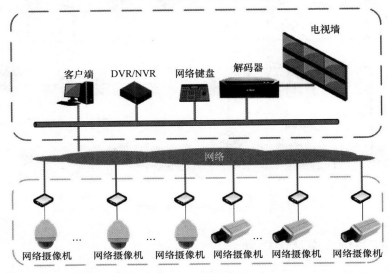

图 6-3 网络数字视频监控系统

　　网络数字视频监控系统集中了多媒体、数字图像处理及远程网络传输等最新技术，不仅可以实现图像传输、远程控制、现场信号采集等监控功能，还可以提供高质量的监控图像和便捷的监控方式。网络数字视频监控系统一般基于 TCP/IP 架构，符合通信网的发展趋势。系统所有的硬件、软件都采用专业的设计思路和制造工艺。在编解码方面，采用专用的高速 DSP 处理芯片，系统软件采用稳定性非常高的实时专用操作系统，因此具有功能强大、可靠性高、功耗小、环境适应能力强、软件的扩展升级方便等优点，应用非常广泛、灵活。

4．大规模数模混合视频监控系统

　　近几年，平安城市、智慧城市的概念及物联网技术的发展使得视频监控系统从早期的仅提供清晰、可控制的图像向目前的面向用户实战需求、面向多种业务处理智能化应用发展。用户的需求也由早期的需要设备提供清晰、可用的视频信号发展到了需要设备在原始视频信号的基础上提供更多的实战应用。面对越来越多的设备和信息，用户越来越需要通过智能化应用协助处理信息。人工智能可以对信息进行识别、统计、归纳、挖掘等处理，辅助用户进行决策，使人们摆脱过去诸如人工视频巡检、监看、设备维护等繁重的体力劳动。软件在视频监控中的作用越来越大，同时 TCP/IP 技术由于其自身的一些问题，还不能完全取代模拟及非 IP 数字信号技术。因此，面对复杂的应用，在一些大型项目中，会涉及大规模、多技术混合应用的情况，同时，监控设备也开始向多业务处理、数模混合发展，以期实现综合应用。在这种背景下，出现了大规模数模混合视频监控系统，如图 6-4 所示。

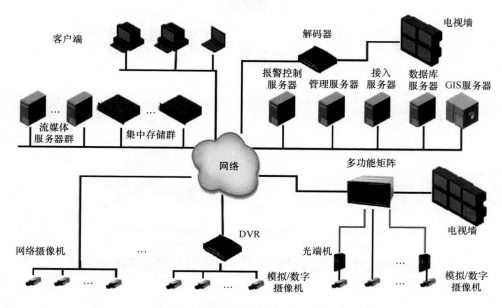

图 6-4　大规模数模混合视频监控系统

6.4.2　视频监控系统方案选型指导

实际上，在一个项目中，最可能出现的情况是需要将各种类型的模拟/数字摄像机、网络摄像机混合在一起，搭建一个完整的、性价比高的系统。因此，最佳的视频监控系统解决方案应该是一个混合系统。这样的混合系统在让用户有效地控制建设成本的同时，可以获得当前先进技术所带来的美好体验。通常，视频监控系统主要有以下监控需求。

1.　一般监控

一般监控需求是指要对场景进行大概了解的需求。例如，要了解广场总体人流情况，但没有在人群中进行人脸识别的需求；要了解公路的车流情况，但没有对车牌进行识别的需求。在这样的情况下，视频监控系统通常对场景进行总体的、概括性的监控，重点考虑监控点位的选择、采集存储设备的选型、各类设备的连接方式和布局。

图 6-5 是某厂房视频监控系统结构图。在该案例中，视频监控系统采用了分布式架构体系，每栋建筑的视频信号汇总后通过光纤连接到监控中心；集中控制室（集控室）部署 DVR和网络交换机，实现统一的网络化接入和存储管理；监控中心通过网络交换机与集控室接入同一局域网，实现远程观看和各自监控。本案例主要监控室外场景，因此每栋建筑设置 4 台室外一体化球机，带 360°的云台控制；室内重要节点设置 1 台低照度半球定焦摄像机。

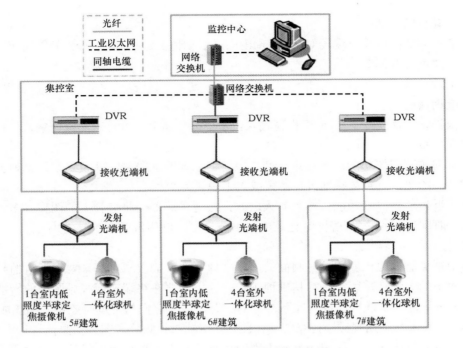

图 6-5 某厂房视频监控系统结构图

2．视频智能分析类监控

1）高度清晰细部特征类监控

高度清晰细部特征类监控主要用在一些特殊应用场所，比如 ATM、银行柜台、商场收银台等，要求在目标识别的基础上，得到目标更多的细部特征。这里重点应考虑如何保证目标信息采集的分辨率和光照条件，然后配备智能分析和报警子系统。

图 6-6 为某 ATM 视频监控系统结构图，该系统通过在传统 ATM 视频监控系统中加入智能视频分析单元，实现了一系列智能视频处理。它能根据用户预先设置的规则，对场景进行实时监控，当预设规则被破坏时，系统会及时发出报警信息，提醒监控人员采取有效的处置手段。

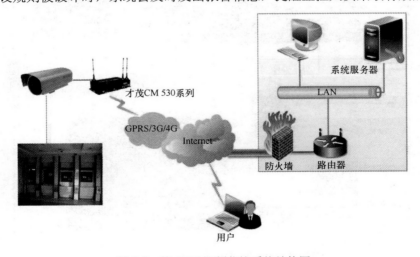

图 6-6 某 ATM 视频监控系统结构图

该系统具有以下功能。

（1）监控功能：可通过现场对 ATM 周围人员活动情况进行 24 小时不间断监控，监控及录像画面尺寸可无级调节。

（2）记录功能。

（3）查询功能。

（4）报警管理功能：支持 5 个报警输入，2 个报警输出，可自定义报警输入、输出和摄像机的关联关系。

（5）警前预存图像功能：一旦系统产生报警，立即驱动警号，并正式记录警前预存的图像，连续录制图像，直到传感器报警结束或人工确认为止。

（6）接近传感器摄录功能：一旦有人取款，接近传感器会将取款人的图像（多帧）连同取款日期、时间、ATM 编号等同时记录于现场硬盘中，以便日后查找时使用。

2）目标识别类监控

目标识别类监控比一般监控对画面清晰度（像素数）的要求更高，要求通过监控画面，能够对画面中的人物、车牌等进行精确地识别。这里需要在终端实现视频图像的智能分析，因此需要考虑智能分析软件、数据库系统等的配置，以及它们与常规监控设备的集成。

图 6-7 为某人脸识别视频监控系统结构图，其支持对视频流和图片信息流进行人脸识别、比对。该系统支持接入本区的用于人脸识别的视频流、人脸抓拍摄像机的图片信息流及应从本级接入的人证核验、移动终端等设备采集到的图片及信息。其应用模块对用于人脸识别的前端高清摄像机的视频流进行解析，将解析后生成的人脸图像及信息在入库前实时同步上传到管理机构。人脸图像及场景图片在本地保存，供管理机构调取。

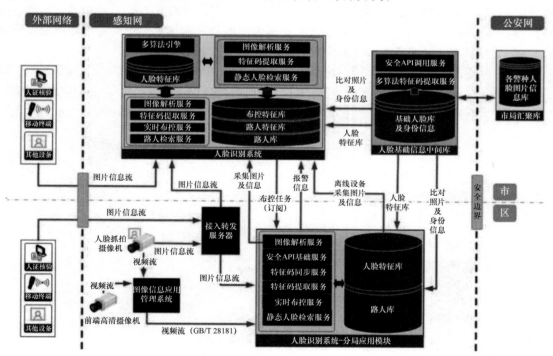

图 6-7 某人脸识别视频监控系统结构图

3. 案例分析

本案例在两个宽为 40m 的停车场部署高清摄像机进行目标识别类监控。

1）像素数量计算

如上所述，用户对视频监控系统经常有不同的监控需求，首先需要确定具体的监控类型，然后确定需要何种覆盖范围，覆盖范围是指摄像机能"看见"的区域面积，最后根据监控类型确定该监控目标需要的总像素数量。

根据表 6-2，要在 40m 宽的停车场完成目标识别类监控，有：40m×200 像素/m=8000 像素。

表 6-2 不同监控需求需要的像素数/m（参考）

序 号	监 控 类 型	所需像素/m
1	一般监控	100
2	目标识别类监控	200
3	高度清晰细部特征类监控	300

2）摄像机选型

下一步是确定使用哪种分辨率的摄像机。首先用前面计算出来的所需像素数（8000）除以实际应用中摄像机所能提供的水平（栏）像素数（如 640×480 分辨率的摄像机，640 是水平像素数，480 是垂直像素数）。在同样范围的停车场监控应用中，需要各类型摄像机的数量的计算方法参考表 6-3。可见摄像机分辨率越高，所需要的摄像机数量就越少。

表 6-3 同样范围需要各类型摄像机的台数计算（参考）

摄像机分辨率	数 据 计 算	摄像机数量
352×288（10 万像素）	8000/352	23 台
704×576（40 万像素）	8000/704	12 台
1280×1024（130 万像素）	8000/1280	7 台
2048×1536（300 万像素）	8000/2048	4 台

3）系统架构说明

经过上面的计算，案例中共有 2 个停车场，系统共需要 14 台高清摄像机（1280×1024），需要 1 台 NVR 做存储转发，存储时间是 15 天，百万像素的码流平均值按照 3Mbps 计算。

4）视频的传输与存储

单路高清视频数据存储 15 天需要的容量 = 3Mbps（平均值）×60×60×24×15/8（将 bit 转换为 Byte）/1024（将 MB 转换为 GB）/1024（将 GB 转换为 TB）=7TB。则 14 台高清摄像机的存储容量为 7TB。

NVR 的总码流=14×3Mbps=42Mbps=6Mbps。考虑到在视频实时存储的同时，有视频回放的需求，因此，要求磁盘阵列的吞吐能力在 10Mbps 左右。

6.5 实施步骤

6.5.1 不同视频监控系统的对比

（1）观察实验室与实验车道视频监控系统的设备组成，记录不同应用系统设备的选型；

（2）分析对比不同系统设备选型的重要参数：监控距离、监控范围、像素要求等。

6.5.2 室内视频监控系统方案设计

针对需求设计室内视频监控系统，画出结构图，并给出设备选型依据，填写设备选型表，如表 6-4 所示。

表 6-4　设备选型表

需求：ㅤ100 m² 的实验室需要实现无死角监控，白天、晚上均需要清晰的监控效果；ㅤ可以实现连续录像 90 天；ㅤ实验室的监控视频可以上传到学校的中央监控室，在中央监控室中有 9 块屏用于多路视频的同时显示；ㅤ由于实验室设备贵重，视频录像记录相当重要，需要采用 RAID 5 实现冗余功能。			
设备选型表			
类　型	型　号	数　量	备　注
摄像机			
录像机			
硬盘			
监视器			
电视墙			
解码设备			
交换机			

6.5.3 室内视频监控系统方案实现

（1）配置 6.5.2 节所需的设备；

（2）连接各设备，构建室内视频监控系统并画出拓扑图；

（3）进行录像设置，覆盖周期大于 90 天；

（4）配置视频解码，完成电视墙显示；

（5）配置 RAID 5。

6.5.4 室外视频监控系统方案设计

针对需求设计室外视频监控系统，画出结构图，并给出设备选型依据，填写设备选型表，如表 6-5 所示。

表 6-5　设备选型表

需求：
10000 m² 的操场需要实现无死角监控，白天、晚上均需要清晰的监控效果，且可以实现目标自动跟踪；
可以实现连续录像 90 天；
操场的监控视频可以上传到学校的中央监控室，在中央监控室中有 9 块屏用于多路视频的同时显示，保安可以用网络键盘摇杆控制球机，查看细节。

设备选型表

类　型	型　号	数　量	备　注
摄像机			
录像机			
硬盘			
监视器			
电视墙			
解码设备			
交换机			

6.5.5　室外视频监控系统方案实现

（1）配置 6.5.4 节所需的设备；

（2）连接各设备，构建室外视频监控系统并画出拓扑图；

（3）进行录像设置，覆盖周期大于 90 天；

（4）配置视频解码，完成电视墙显示；

（5）利用网络键盘设置球机预置位并控制球机。

第 7 章

机器视觉

7.1　学习目的

（1）了解工业相机的种类、基本属性和使用方法；
（2）了解镜头的种类和选型；
（3）了解光源的种类和选型；
（4）了解机器视觉系统的应用场景。

7.2　实践内容

（1）搭建小面阵工业相机的使用环境，用工业相机进行视频采集（也称"拉流"）与保存；
（2）针对应用场景的检测精度，对工业相机的镜头进行选型；
（3）使用不同的打光（补光）方案，观察采集到的图像效果；
（4）完成综合实验平台的调试，了解机器视觉系统的 4 类应用技术——检测、定位、识别、测量。

7.3　准备材料

进行机器视觉实践所需的器材如表 7-1 所示。

表 7-1　进行机器视觉实践所需的器材

器 材 名 称	数　　量
小面阵工业相机	2 台
工业相机配套镜头	2 个
电源适配器	2 个
补光灯	1 个
计算机	1 台
网线	2 条
电线	若干

7.4　预备知识

7.4.1　机器视觉系统简介

机器视觉系统是通过工业相机、计算机等设备将图像信息转换成数字信息来模拟人类视觉功能的一套系统，其工作原理为，工业相机将被摄目标转换成图像信号，将其传送给专用的图像处理系统，从而得到被摄目标的形态信息，再将其像素分布、亮度、颜色等信息传送给图像数字化系统，该系统对这些信号进行多种运算来抽取目标的特征，进而根据判别得到的结果控制现场设备的动作。一个典型的机器视觉系统包括图像捕捉系统、光源系统、图像数字化系统、图像处理系统、智能判断决策系统和机械控制执行系统。机器视觉系统最基本的特点就是能提高生产的灵活性和自动化程度。在一些不适合人工作业的危险工作环境或人工无法探测到物体信息的场合，常用机器视觉系统来替代人工作业。

现阶段机器视觉系统的应用领域主要集中在检测、定位、识别、测量 4 个技术方向上，如图 7-1 所示。检测是指用事先确定好的方法检验、测试某种物体（气体、液体、固体）指定的技术性能指标，适用于多个行业的质量评定。机器视觉系统的检测内容包括色彩和瑕疵检测、零件或部件有无检测、目标位置和方向检测。机器视觉系统的定位内容包括芯片定位、机械装配定位、机器人定位等。机器视觉系统的识别是指以预先设定的特征为参考，将收集到的信息按照特征进行分类，从而实现信息翻译和解析，包括条形码识别、二维码识别、光学字符识别（OCR）等。机器视觉系统的测量是指按照某种规律，用数据来描述观察到的现象，即对事物做出量化描述，包括尺寸和容量测量、预设标记测量（如测量孔位到孔位的距离）等。如图 7-2 所示，这 4 个技术方向广泛覆盖了汽车、3C 制造、芯片、食品&包装、印刷、物流、医药、农业等应用领域，其实现过程包括基于工业相机的图像采集（采集）、基于算法的信息提取（算法）、基于软件的信息处理（软件）和相关领域应用（应用）。

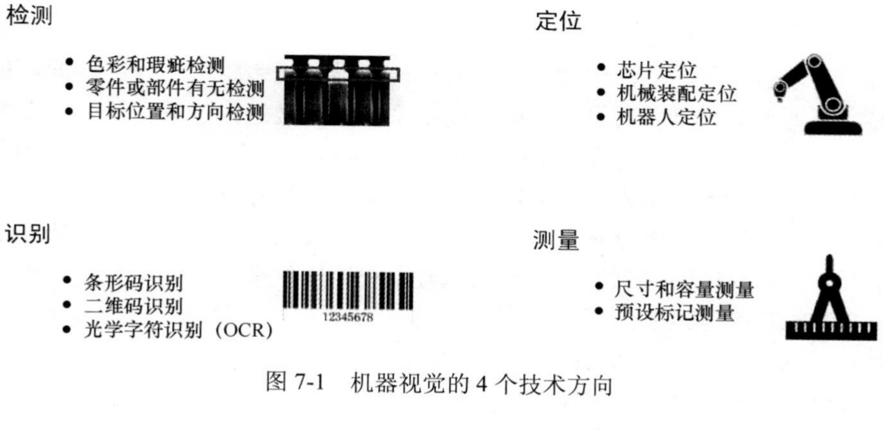

检测

- 色彩和瑕疵检测
- 零件或部件有无检测
- 目标位置和方向检测

定位

- 芯片定位
- 机械装配定位
- 机器人定位

识别

- 条形码识别
- 二维码识别
- 光学字符识别（OCR）

12345678

测量

- 尺寸和容量测量
- 预设标记测量

图 7-1　机器视觉的 4 个技术方向

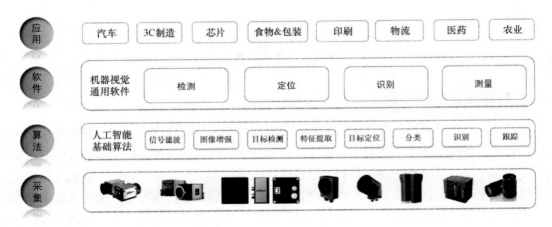

图 7-2　机器视觉的实现过程

7.4.2　机器视觉系统的组成

机器视觉系统通过光照提高空间亮度来克服环境光的干扰并形成空间亮度的稳定值，在此基础上，工业相机将处在最佳的成像状态，有利于采集到稳定的视觉目标图像。将所采集到的图像信息通过算法和软件进行处理后，可得到基于应用的执行值，用于控制相关设备实现对视觉目标的操作。典型的机器视觉系统如图 7-3 所示。下面重点讨论图像采集部分。

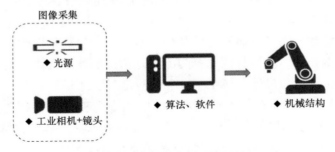

图 7-3　典型的机器视觉系统

1．光源

光作为一种电磁波，在空间传播过程中如果遇到异相或多相物质会进行折射和反射，因此可在交接界面处形成该物质的轮廓。机器视觉系统利用这一特性来实现对物质轮廓的信息重构。能被人眼感知的电磁波的波长范围为 400～700nm，红外线、紫外线、X 射线、γ 射线等均为人眼观察不到的不可见光。因此，机器视觉系统的光源可分为可见光源和不可见光源两类。光源发出的电磁波场内分布均匀、强度大小适中且在时间尺度上稳定是工业相机高质量成像的重要条件，对能否得到一幅好的图像有着决定性意义。以可见光源为例，在机器视觉系统中，光源的作用包括但不限于：

（1）照亮目标，提高目标亮度；

（2）形成有利于图像处理的成像效果；

（3）克服环境光的干扰，保证图像的稳定性；

（4）作为测量的工具。

2．工业相机

工业相机又称工业摄像机，其成像传感器芯片的类型为 CCD 或 CMOS。相比传统的民用摄像机而言，它具有较高的图像稳定性、传输能力和抗干扰能力等。工业相机的功能是将光信号转换成有序的电信号，并对其他机器视觉组件起到指引作用。按照成像传感器的传感器扫描类型、分辨率和通信接口协议，可对工业相机进行相应的分类，如表 7-2 所示。

表 7-2　工业相机分类

传感器扫描类型	分　辨　率	通信接口协议
面阵相机	小面阵相机	GigE 相机
线阵相机	大面阵相机（靶面为 1 英寸及以上）	USB 相机
—	—	CameraLink 相机
—	—	CXP 相机（CoaXPress 接口）

1）传感器扫描类型

工业相机在整个机器视觉系统中的功能为摄取细节清晰的图像。总体上现有的工业相机只能保证摄取的某一区域内的图像清晰，能清晰地呈现较宽区域内的图像的工业相机称为面阵相机，只能清晰地呈现较狭长区域内的图像的工业相机称为线阵相机。基于对应的成像特征，面阵相机通常用于静止检测或者低速检测；对于大幅面、高速运动或者滚轴等运动的检测应考虑使用线阵相机，线/面阵相机的原理如图 7-4 所示。

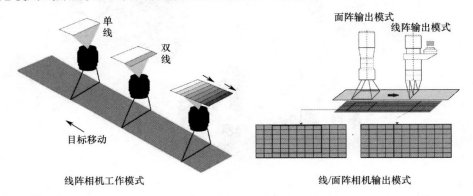

图 7-4　线/面阵相机的原理

2）分辨率

图像的清晰度不是由像素多少决定的，而是由分辨率决定的。而分辨率是由选择的镜头焦距（光学系统中衡量光聚集或发散的度量方式，指平行光入射时从透镜光心到光聚集之焦点之间的距离）和成像芯片感光单元（像元）数决定的，能清晰成像的尺寸大小是评价工业相机分辨率的重要标准。单独评价芯片参数时，也把芯片的像元数称为分辨率或像素数。通常面阵相机的分辨率用两个数字表示，如 1920×1080，前面的数字表示每行的像元数，后面的数字表示像元的行数。线阵相机的分辨率通常用每行的像元数表示，如 1K（1024 个像元）、2K（2048个像元）、4K（4096 个像元）等。在采集图像时，工业相机的分辨率对图像质量有很大的影响。在对同样大的视场（景物范围）进行成像时，工业相机分辨率越高，对细节的展示越明显。

3）通信接口协议

通信接口协议之间的区别主要体现在信息的传输速率和距离上，具体如表 7-3 所示。

表 7-3　通信接口协议

相 机 类 型	接 口 协 议 简 述	传输速率	传输距离（通用）
GigE 相机	基于千兆以太网通信协议开发的接口协议	1Gbps	最大 100m
USB 相机	用于规范计算机和外部设备的连接和通信的接口协议	5Gbps	3～5m
CameraLink 相机	第一代用于规范采集卡和相机之间通信的接口协议，分为 3 种：Base、Medium、Full；相比 USB 接口协议，其抗干扰能力更强、稳定性更好	5.44Gbps	10m 左右
通用 CXP 相机（CoaXPress 接口）	取代成熟的 CameraLink 接口协议，以获得更快的传输速率	单条链路 6.25Gbps	68～212m

3．镜头

工业相机镜头的作用是将目标的光学图像聚焦在图像传感器的光敏面阵上，图像传感器再将光学图像转换成数字图像，机器视觉系统处理的所有图像信息均是通过镜头得到的。根据用途，镜头可分为定焦镜头、线扫镜头和远心镜头 3 种，如图 7-5 所示。工业相机镜头种类的选择直接决定视觉目标的成像特征。

图 7-5　工业相机镜头

（1）定焦镜头：只有一个固定焦距的镜头，没有焦段（焦距的变化范围），即只有一个视野，因此定焦镜头没有变焦功能。定焦镜头设计简单、对焦速度快、成像质量稳定，特别适合大型自然景观拍摄和集体合影拍摄。

（2）线扫镜头：能清晰呈现狭长区域内图像的镜头，能高频率采集狭长区域内的图像，并将其拼接成清晰的全局图像。

（3）远心镜头：可以在一定的物距范围内使得到的图像的放大倍率不变，适用于目标不在同一物面上的情况。

4．成像系统的主要指标

光学成像过程如图 7-6 所示。由于机器视觉系统的应用场景对成像质量要求很高，因此成像系统的主要指标是镜头选型的主要考虑因素。成像系统的主要指标包括：

（1）物距（WD）：物体到镜头的距离，也称工作距离；

（2）视场范围：被拍摄成像的实际区域大小；

（3）视场角：以光学仪器的镜头为顶点，由被摄目标的物像可通过镜头的最大范围的两条边缘构成的夹角；

（4）放大倍率：物体成像的尺寸除以物体本身的尺寸（如图 7-7(a)所示）；

（5）景深：可清晰成像的空间深度（如图 7-7(b)所示）；

（6）成像精度：与芯片类型（**CCD** 或 **CMOS**）及像元物理尺寸等有关。

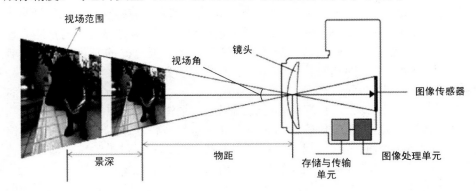

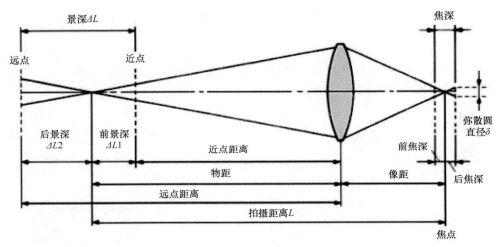

图 7-6　光学成像过程

（a）放大倍率

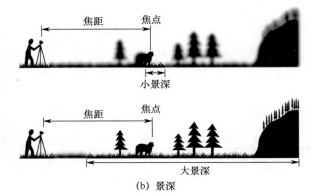

（b）景深

图 7-7　放大率和景深

在此基础上，为保证成像系统的成像质量，还应考虑到以下参数之间的关系和相关的成像特征及配套硬件的选择。

焦距与视场角：通常在拍摄位置与被摄目标距离不变的情况下，镜头的焦距越短，其视角越宽（视场角越大），拍摄范围越大，物体所成的影像越小；反之，镜头的焦距越长，其视角越窄（视场角越小），拍摄范围越小，物体所成的影像越大，如图 7-8(a)所示。镜头的视场角还与所形成影像的画幅尺寸有关。焦距越短，成像画幅尺寸越大；焦距越长，成像画幅尺寸越小。

相对孔径（F）与光圈：镜头的相对孔径是指该镜头的入射光瞳直径与焦距之比。镜头中间的孔径光栏俗称光圈。光圈通过光圈叶片组成一个可以通过光的光孔，通过调节光圈可改变光孔的大小。因此镜头的相对孔径受光圈的影响，当光圈最大（光圈系数最小）时，镜头的相对孔径最大，如图 7-8(b)所示。

光圈与景深：光圈越大，景深越小；光圈越小，景深越大，如图 7-8(c)所示。

镜头与图像传感器：图像传感器由许多感光单位组成，通常以百万像素为单位。图像传感器表面受到光线照射时，它能把光线转变成电荷，再将其通过模数转换器芯片转换成数字信号，每个感光单位会将电荷反映在组件上，所有的感光单位所产生的信号加在一起，就构成了一幅完整的画面。图像传感器本身存在一个空间频率 F_n，它与镜头一起遵循串行工作机制，镜头也存在一个空间频率 F，镜头将目标成像在图像传感器的光敏面上，其成像效果受二者空间频率之间关系的影响，当镜头的空间频率大于或等于图像传感器的空间频率时，图像传感器无法完整接收镜头所摄取的图像信息，只有当镜头的空间频率等于图像传感器的空间频率的一半时，图像传感器才能完整地接收到镜头所摄取的图像信息，即二者服从 Nyquist 定律，二者空间频率的关系如图 7-8(d)所示。

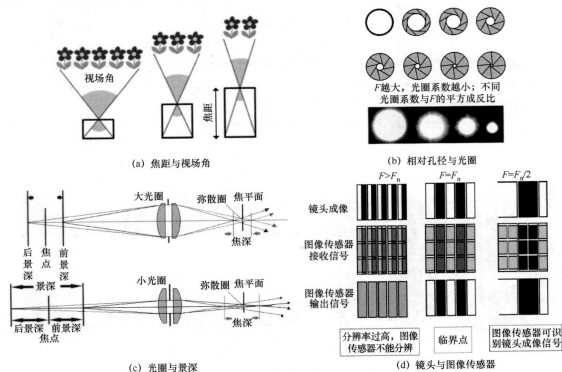

(a) 焦距与视场角

(b) 相对孔径与光圈

(c) 光圈与景深

(d) 镜头与图像传感器

图 7-8　相关参数与成像

畸变现象：镜头畸变实际上是光学透镜固有的透视失真的总称，也就是因为透视原因造成的失真现象。这种失真对于成像质量是非常不利的，但因为这是透镜的固有特性（凸透镜汇聚光线、凹透镜发散光线），所以无法消除，只能改善。畸变表征镜头成像过程中物体形状的失真程度，常见的有桶形畸变和枕形畸变两种，如图 7-9 所示。畸变与视场角有关，与光圈无关。

镜头接口和转接环：常见的镜头接口如图 7-10 所示。镜头接口可分为螺纹口、卡口和其他 3 类，如表 7-4 所示。其主要功能是增加镜头与图像传感器之间的距离，是为了帮助镜头呈现清晰的图像而设计的。转接环是不同口径镜头接口和相机接口之间的一种转接器，当镜头接口与相机接口不匹配时，需要用到转接环。

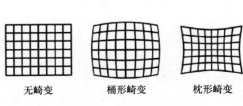

无畸变　　　　桶形畸变　　　　枕形畸变

图 7-9　桶形畸变和枕形畸变

图 7-10　镜头接口

表 7-4　镜头接口的分类

类　　别	接　　口	法兰后焦	常见镜头
螺纹口	C-Mount	17.526mm	4/3 英寸以下镜头
	CS-Mount	12.5mm	2/3 英寸以下镜头
	S-Mount (M12)	—	1/1.8 英寸以下镜头
	M42*1/M42*0.75	—	大靶面镜头
	M58*0.75	—	大靶面镜头
卡口	F-Mount	46.5mm	大靶面镜头
	EF-Mount	44mm	Cannon 单反镜头
	E-Mount	18mm	Sony 微单镜头
其他	V-Mount	—	线扫镜头

7.4.3　机器视觉系统设备选型

在实际应用中，需要根据机器视觉系统的具体应用需求，如工作距离、目标尺寸、分辨率、运行速度、环境条件等确定工业相机的参数和镜头。

1. 工业相机选型

机器视觉系统中工业相机的选型是最基本、最重要选型。选择工业相机时，应该综合考虑以下几个方面。

（1）像素数：像素数指的是工业相机 CCD 图像传感器的最大像素数，有些给出了水平及垂直方向的像素数，如 500×582，有些则给出了两者的乘积值，如 20 万像素。对一定尺寸的 CCD 芯片，像素数越多，每个像素单元的面积越小，因而由该芯片构成的工业相机的像素分辨率也就越高。而"像素分辨率"就是"感光芯片的 1 像素相当于多少 mm"，例如，对于 30mm 的检测尺度，标准型芯片（31 万像素，480 行）和 200 万像素芯片（1200 行）的像素分辨率

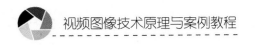

分别是 0.063 mm/像素和 0.025 mm/像素。

一般来说，要检测到目标，至少需要 1 像素；如果要求可定位，则需要单一尺度不少于 2 像素；如果要求可识别，则需要单一尺度不少于 5 像素。因此根据目标尺度和成像精度的需求，可以确定工业相机的像素数。

（2）传输速度：选择标准型相机或高速型相机，即选择工业相机的触发模式和传输速度。

（3）相机尺寸：安装空间有限时，选择小型相机。

（4）感光芯片类型：选择面阵或线阵芯片、黑白或彩色芯片、CCD 或 CMOS 芯片。

（5）其他：包括信号输出接口、调整参数与控制方法、价格等。

2．镜头选型

镜头选型的主要步骤如下。

（1）根据拍摄尺寸和可安装的距离确定焦距、视场角。

（2）根据工件形状考虑必要的景深。

（3）根据检测精度选择高分辨率镜头或标准镜头。

（4）其他：

● 考虑工业相机的芯片尺寸；

● 考虑工业相机的接口类型；

● 考虑镜头的光谱特性；

● 考虑镜头的畸变率和机械结构尺寸等。

7.5　实施步骤

7.5.1　观察、熟悉工业相机

（1）观察小面阵工业相机的外观、形状、接口及功能，将其与普通的安防相机进行比较；

（2）观察镜头的外观和其表面的字符，了解其含义。

7.5.2　工业相机视频数据的存储和处理

1．视频采集处理软件

可以采用通用的标准机器视觉算法包进行工业相机视频数据的存储和处理，如德国 MVtec 公司开发的一套完善、标准的机器视觉算法包 HALCON（开发软件为 HALCON HDevelop）；也可以采用专用的软件包，如华睿科技的机器视觉通用软件 MVviewer。它们的界面分别如图 7-11(a)、图 7-11 (b)所示。

2．发现设备

以 HALCON HDevelop 为例，启动后，选择"助手"—"打开新的 Image Acquisition"选项，之后选中"资源"选项卡下的"图像获取接口"单选按钮，单击"自动检测接口"按钮，如图 7-12 所示，可自动获取工业相机所需的接口协议。

(a) HALCON HDevelop 界面

(b)MVviewer 界面

图 7-11　视频采集处理软件

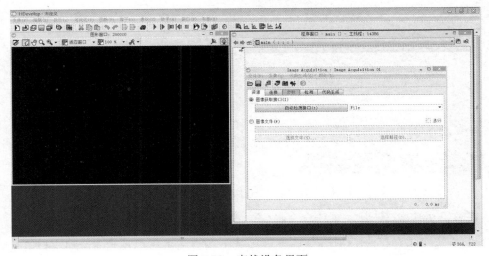

图 7-12　查找设备界面

3．连接设备

选择"连接"选项卡，在"设备"下拉菜单中可看到相机列表，如图 7-13 所示。在"相机类型"下拉菜单中可选择相机支持的分辨率类型，在"颜色空间"下拉菜单中可更改相机支持的颜色类型是 rgb 还是 Gray。单击"连接"按钮可连接相机设备，如图 7-14 所示。单击"采集"按钮可单次采集图像，单击"实时"按钮可连续采集图像。

图 7-13　选择设备

图 7-14　连接相机设备

4．调整镜头参数

"参数"选项卡如图 7-15 所示。在实时模式下调整镜头焦距及光圈，观察相机视野亮度及清晰度的变化，写出此相机的参数说明表。

注意："参数"选项卡下所有的相机参数根据使用 API 的不同而不同，请读者自行学习，深刻理解相机各参数的意义，调整参数并查看效果。

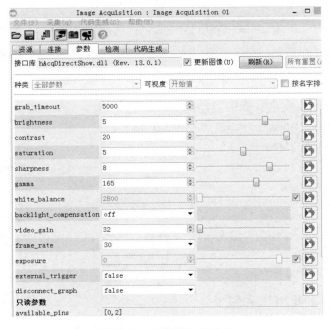

图 7-15 "参数"选项卡

5．检测相机性能指标

"检测"选项卡如图 7-16 所示，"检测"选项卡用于显示相机的效率及稳定性，可保存图像并记录。

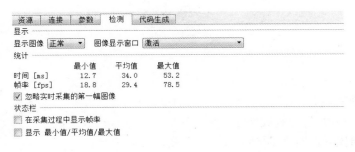

图 7-16 "检测"选项卡

6．保存图像

通过以下步骤保存图像。

（1）在"代码生成"选项卡中，单击"插入代码"按钮，直接生成 HALCON 代码。

```
open_framegrabber('DirectShow', 1, 1, 0, 0, 0, 0, 'default', 8, 'rgb', -1, 'false', 'default')
grab_image_start(AcqHandle, -1)
while(true)
```

```
    grab_image_async(Image, AcqHandle, -1)
        * Image Acquisition 01：Do something
    endwhile
    close_framegrabber(AcqHandle)
```

（2）单击工具栏中相应的按钮，完成代码运行，工具栏如图 7-17 所示。

图 7-17　工具栏

（3）增加保存代码，实现图像的自动保存。

```
    open_framegrabber('DirectShow', 1, 1, 0, 0, 0, 0, 'default')
    grab_image_start(AcqHandle, -1)
    cnt:=1
    while(true)
        grab_image_async(Image, AcqHandle, -1)
        * Image Acquisition 01：Do something
        write_imge(Image, 'tiff', 0, 'D:/tupian/'+cnt)
    endwhile
    close_framegrabber(AcqHandle)
```

7.5.3　选用合适的工业相机和镜头

根据下面的使用场景，通过计算，选用合适的工业相机和镜头。

二维码如图 7-18 所示（尺寸为 15×15mm，检测范围为 100×100mm，物距为 500mm），请选择合适的工业相机与镜头。

图 7-18　二维码

选型的基本步骤如下：

（1）确定检测的视场范围 $H \times V$，以及检测精度 R_i；

（2）根据算法精度 R_a 确定成像精度 $R_o = R_i/R_a$；

（3）计算所需图像分辨率 $M \times N = (H/R_i) \times (V/R_i)$；

（4）选择合适的工业相机；

（5）根据相机传感器尺寸计算放大倍率；

（6）根据物距和放大倍率计算镜头焦距；

（7）选择合适的镜头；

*解析：

（1）二维码模块尺寸=15mm/33=0.45mm；

（2）所需相机分辨率=(100/0.45)×PPM=222×(3～5)=666～1110；

（3）选用 130W 的工业相机（1280×1024），型号为 A5131MG00；

（4）放大倍率 M=1024×4.8um/100mm=0.0492mm；

（5）镜头焦距 f=M×WD=0.0492×500mm=24.6mm；

（6）选用焦距为 25mm 的镜头。

7.5.4　对比成像效果

分别使用不同的光源对工件进行打光，对比成像效果。

要求检测精度为 0.1mm，分别使用背光源、环形光源、条形光源等对工件进行打光，保存图像，进行对比分析并制定打光方案。

*解析：

（1）用背光源对硬币进行打光，用工业相机摄取图像，图像效果如图 7-19 所示；

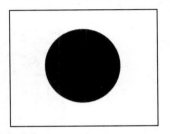

图 7-19　背光源下的硬币图像

（2）使用不同角度的环形光源对 PCB 进行打光，对比图像效果，如图 7-20 所示；

图 7-20　低角度（左）和高角度（右）环形光源下的 PCB 图像

（3）利用高角度条形光源打亮金属表面，形成明场照明，突出字符特征，如图 7-21 所示；

（4）利用低角度环形光源突出物体轮廓，如图 7-22 所示。

图 7-21　高角度条形光源下的字符　　　　　图 7-22　物体轮廓

7.5.5　手机屏幕坏点检测

按照以下步骤采集手机屏幕图像，并观察、检测手机屏幕坏点，如图 7-23 所示。

（1）将工业相机固定在相机支架上。

（2）将工业相机与计算机用网线连接，接上相机电源。

（3）打开计算机上的视频采集处理软件（HALCON HDevelop 或者 MVviewer）。

（4）按照 7.5.2 节中的步骤连接、设置工业相机。

（5）把要检测的手机屏幕放在工业相机的视野内。

（6）调整相机参数，得到清晰的图像。

（7）观察所得的图像，检测坏点。

思考： 是否可以根据图像信息估算所测屏幕最小元器件的尺寸？

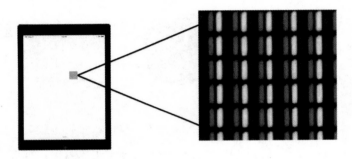

图 7-23　手机屏幕坏点检测

第二部分

视频图像智能化分析算法与工程实践

第 8 章

视频图像数据预处理：数据
增强与标注

8.1　学习目的

（1）了解常用的图像预处理方法；
（2）掌握常用的图像标注工具。

8.2　实践内容

（1）编程实现批量图像的预处理；
（2）对批量图像进行在线标注，导出标注文件。

8.3　准备材料

进行视频图像数据预处理：数据增强与标注实践所需的材料如表 8-1 所示。

表 8-1　进行视频图像数据预处理：数据增强与标注实践所需的材料

实 验 材 料	数 量
待处理的图像	1 批
待标注的图像	1 批
计算机	1 台

8.4　预备知识

可通过对图像进行各种随机变换，如旋转、缩放、裁剪、光照/色彩变换等，拓展图像数据的多样性。在训练分类模型、目标检测模型、图像分割模型等问题中，视频图像数据预处理可有效提升模型的泛化能力，具有重要的实用价值。

8.4.1　常用的数据增强方法

在 PyTorch 框架中，常用的数据增强函数主要集成在 transforms 文件中，以下是在训练模型时利用 PyTorch 进行数据增强的常用方法。

1. 读取图像

参考以下 Python 代码，实现图像读取功能。

```
import PIL.Image as Image
import os
from torchvision import transforms as transforms
#图像读取
imgOriginal = Image.open('中山大学校训.png') #打开图像
imgOriginal.show()
```

程序运行结果如图 8-1 所示。

彩色图

图 8-1　读取图像

2. 随机比例缩放

参考以下 Python 代码，实现图像的随机比例缩放。

```
imgResize = transforms.Resize((300, 600)(imgOriginal)    #进行比例缩放
print(f'{imgOriginal.size}---->{imgResize.size}')      #输出图像缩放前后的大小
imgResize.show()
```

程序运行结果如图 8-2 所示。

3. 图像裁剪

参考以下 Python 代码，实现图像裁剪。

```
#随机位置裁剪
imgRandomCrop = transforms.RandomCrop(400)(imgOriginal)      #裁剪出 200*200 的区域
imgCenterCrop = transforms.CenterCrop(400)(imgOriginal)      #中心位置裁剪
```

imgCenterCrop.save(pictureFile+ '图 8-3(b).jpg')

imgRandomCrop.show()

imgCenterCrop.show()

程序运行结果如图 8-3 所示。

图 8-2　随机比例缩放

(a)随机位置裁剪

(b)中心位置裁剪

图 8-3　图像裁剪

4．随机水平/垂直翻转

参考以下 Python 代码，实现图像的水平/垂直翻转。

```
#随机水平/垂直翻转
imgHorizontalFlip = transforms.RandomHorizontalFlip(p=1)(imgOriginal)    #p 表示概率，水平翻转
imgVerticalFlip = transforms.RandomVerticalFlip(p=1)(imgOriginal)    #垂直翻转
imgHorizontalFlip.show()
imgVerticalFlip.show()
```

程序运行结果如图 8-4 所示。

(a)随机水平翻转

(b)随机垂直翻转

图 8-4　图像翻转

5．随机角度旋转

参考以下 Python 代码，实现图像的随机角度旋转。

```
#随机角度旋转
imgRotation = transforms.RandomRotation(45)(imgOriginal)        #随机旋转 45 度
imgRotation.show()
```

程序运行结果如图 8-5 所示。

6．色度、亮度、饱和度、对比度的变化

参考以下 Python 代码，实现图像色度、亮度、饱和度和对比度的变化。

```
#色度、亮度、饱和度、对比度变化
imgHue = transforms.ColorJitter(hue=0.5)(imgOriginal)            #色度
imgBrightness = transforms.ColorJitter(brightness=1)(imgOriginal)       #亮度
```

imgSaturation = transforms.ColorJitter(saturation=0.5)(imgOriginal)   #饱和度
imgContrast = transforms.ColorJitter(contrast=0.5)(imgOriginal)   #对比度
imgContrast.show()

经过对比度调整后的结果如图 8-6 所示。

图 8-5   随机角度翻转

图 8-6   对比度调整

7．灰度化

参考以下 Python 代码，实现图像灰度化。

```
#灰度化
imgGray = transforms.RandomGrayscale(p=1)(imgOriginal) #以 1 的概率进行灰度化
imgGray.show()
```

程序运行结果如图 8-7 所示。

彩色图

图 8-7　图像灰度化

8. 扩充

参考以下 Python 代码，实现图像扩充。

```
#Padding(将原始图扩充成正方形)
imgPad = transforms.Pad((0, (imgOriginal.size[0]-imgOriginal.size[1])//2))(imgOriginal)
#原图的宽和长为 646,1200
imgPad.show()
```

程序运行结果如图 8-8 所示。

图 8-8　将原始图扩充成正方形

9. 使用 Compose 函数生成一个 PiPeLine

参考以下 Python 代码，生成 PipeLine。

```
data_transform={'train':transforms.Compose([
                    transforms.RandomHorizontalFlip(),
                    transforms.Resize(image_size),
                    transforms.CenterCrop(image_size),
                    transforms.ToTensor(),
                    transforms.Normalize([0.485, 0.456, 0.406], [0.229, 0.224, 0.225])
                ])
```

8.4.2　图像标注工具 VGG Image Annotator 的使用

1. VGG Image Annotator 简介

VGG Image Annotator（VIA）是一款开源的图像标注工具，由 Visual Geometry Group 开发，可以在线和离线使用，可标注矩形、圆、椭圆、多边形、点和线。标注完成后，可以导出 csv 和 json 格式的文件。VIA Version 1、VIA Version 2 和 VIA Version 3 的界面如图 8-9~图 8-11 所示，官方教程如图 8-12 所示。

其中，VIA Version 2 和 VIA Version 3 是比较常用的。下面以 VIA Version2 为例介绍一些简单的操作。

VIA Version 1 is an early version of VIA software and many users still find it useful for basic image annotation tasks.
• Downloads: via-1.0.6.zip, via-src-1.0.6.zip   • Online copy: via-1.0.6.html, via-1.0.6_demo.html   • Older releases : 0.1b | 1.0.0 | 1.0.1 | ~~1.0.2~~ | 1.0.3 | 1.0.4 | 1.0.5   • Source code repository

Note: We have tested this application in the following browsers: Firefox, Chrome and Safari. Our users have reported that this application also works well in other browsers like Internet Explorer, GNOME Web, etc. .

图 8-9　VIA Version 1

Version 2
image annotator

• via-2.0.9.zip : includes the VIA application (< 400KB) and its demo
 • via-src-2.0.9.zip : source code
 • via.html : online copy of VIA 2.0.9 application
 • Demo
    ◦ Basic Annotation: basic image annotation.
    ◦ Face Annotation: annotation of images containing faces using face image labels.
    ◦ Remote Images: annotation of 9955 remotely hosted images at Wikimedia Commons.
    ◦ Face Track Annotation: annotation of face tracks in BBC Sherlock episodes.
 • Older releases : 2.0.0 | 2.0.1 | 2.0.2 | 2.0.4 | 2.0.5 | 2.0.6 | 2.0.7 | 2.0.8
 • Source code repository

图 8-10　VIA Version 2

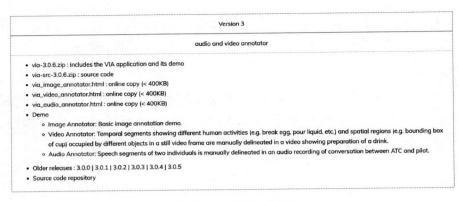

图 8-11　VIA Version 3

User Guide

A basic user guide is also available inside the VIA application and can be accessed using top menubar "Help -> Getting Started".

- Basic Usage:
    - Adding images to a project
    - Drawing Regions (rectangle, circle, point, etc)
    - Creating Annotations
    - Importing and Exporting Annotations:
        - Click Annotations → Export annotations in top menubar (choose csv or json option)
        - Click Annotations → Import annotations in top menubar and select the file (csv or json) containing annotations.
    - Saving and Loading a Project:
        - Click Project → Save in top menubar
        - Click Project → Load in top menubar and select the json file containing VIA project.
- Advanced Usage
    - Face Track Annotation
    - Setting up a project containing remotely hosted images
    - VIA Shared Project Server Setup
- A blog post describing VIA and its open source ecosystem.
- An arXiv report describing the VIA software and its impact (updated on August 2019).

图 8-12　官方教程

2．添加图像

（1）单击 VIA Version 2 界面中的 via.html 链接，打开在线标注页面，自动创建一个工程，并以时间命名，如图 8-13 所示。

图 8-13　自动创建一个工程

（3）单击 Add Files 或 Add URL 按钮，添加图像，如图 8-14 所示（Add Files 按钮用于添加本地图像，Add URL 按钮用于根据图像的 URL 或者绝对路径进行添加）。

3．定义 Attributes

如图 8-15 所示，定义属性（Attributes），根据各自的需求来确定需要定义哪些属性。

（1）如图 8-16 所示，在 attribute name 文本框中输入"name"，单击"+"按钮添加这个属性，类型（Type）为"text"。

图 8-14　添加图像　　　　图 8-15　定义 Attributes　　　　图 8-16　输入"name"

（2）如图 8-17 所示，在 attribute name 文本框中输入"type"，单击"+"按钮添加这个属性，Type 为"dropdown"。

（3）如图 8-18 所示，在 attribute name 文本框中输入"image_quality"，单击"+"按钮添加这个属性，Type 为"checkbox"。

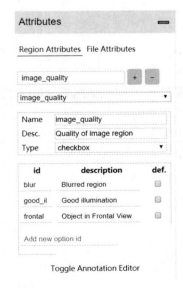

图 8-17　输入"type"　　　　　　　图 8-18　输入"image_quality"

4．标注

（1）单击 Toggle Annotation Editor 按钮，或者在菜单栏中选择"View"—"Toggle Attributes Editor"选项，选择一个区域形状（region shape），画出目标，在同一图像上可以标注不同形状的多个区域，如图 8-19、图 8-20 所示。

图 8-19　Toggle Annotation Editor

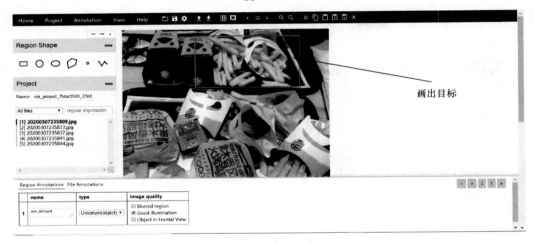

图 8-20　画出目标

（2）为当前标注的区域设置属性，如图 8-21 所示，这里的属性就是前面定义的属性（这里薯条没有定义），如此重复，直到标注完所有区域。

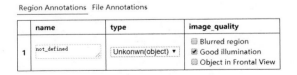

图 8-21　设置属性

5．导出标注文件

选择菜单栏中的 Annotation 选项，选择要导出的文件格式，导出即可，如图 8-22 所示。

图 8-22　导出标注文件

8.5　实施步骤

8.5.1　编程实现批量图像的预处理

（1）批量读入图像；

（2）对图像进行预处理；

（3）导出预处理后的图像。

8.5.2　对批量图像进行在线标注

（1）批量读入图像；

（2）对图像按照要求进行在线标注；

（3）导出不同格式的标注文件，对比标注信息。

## 第 9 章

图像增强

9.1 学习目的

（1）了解常用的图像增强方法及原理；

（2）掌握典型的图像增强算法。

9.2 实践内容

（1）编程实现并运行典型的图像增强算法；

（2）编程实现暗通道先验去雾算法。

9.3 准备材料

进行图像增强实践所需的材料如表 9-1 所示。

表 9-1 进行图像增强实践所需的材料

准 备 材 料	数 量
待处理的视频/序列图像	1 个/1 批 （可使用第 1 章保存的图像）
计算机	1 台

9.4 预备知识

随着摄像机设备的发展，各种型号的摄像机层出不穷，摄像机的分辨率、曝光时间等性能都有了极大改善。但实际环境复杂，尤其在雾天、阴天等环境下，摄像机获取的视频图像的对比度、动态范围等指标并不理想，视频传感器等引入的噪声也会影响图像信息的获取与处理。因此，提高视频图像的对比度、减少噪声对图像的影响具有十分重要的现实意义。

针对上述问题，常利用图像增强技术对获取的视频图像进行进一步处理，以得到更好的特征和视觉效果。一般的图像增强方法根据增强处理过程所在空间的不同，可分为基于空间域的方法和基于频域的方法。基于空间域的方法主要有点运算和空间滤波两种。点运算属于像素点处理方法，如灰度变换增强与直方图增强；空间滤波属于像素领域处理方法，也称空间卷积方法，如图像平滑、图像锐化、暗通道先验去雾算法等。基于频域的方法主要在图像的某种变换域内对图像的变换系数进行修正，然后再将其反变换到原来的空间域，得到增强的图像。下面主要介绍基于空间域的图像增强方法。

9.4.1 灰度变换增强

灰度变换增强是指根据目标条件按照一定的变换关系逐点改变原图像中每个像素点灰度值的方法。目的是改善画质，使图像更加清晰。其原理是，由输入像素点的灰度值决定相应的输出像素点的灰度值，通过改变原始图像数据的灰度范围而使图像在视觉上得到改善。

1. 线性灰度增强

线性灰度增强是指将图像中所有像素点的灰度值按照线性灰度变换函数进行变换的方法。在曝光不足或过度的情况下，图像的灰度值可能局限在一个很小的范围内，这时图像可能会过暗或过亮。而利用一个线性单值函数对图像内每个像素点做线性拓展，将会有效地改善图像的视觉效果。

假设给定一幅图像 $f(x,y)$，其变换前的灰度范围是 $[a, b]$，希望变换后的图像 $g(x,y)$ 的灰度范围被扩大或者压缩至 $[c, d]$，则线性灰度变换函数为

$$g(x,y) = \left[\frac{d-c}{b-a}\right](f(x,y)-a) + c \tag{9-1}$$

由此可见，线性灰度变换是指对输入图像的灰度范围做线性扩大或压缩，线性灰度变换函数是一个一维线性函数。通过调整 a, b, c, d 的值可以控制线性灰度变换函数的斜率，从而达到灰度范围扩大或压缩的目的。

2. 分段线性灰度增强

分段线性灰度增强可将需要的图像细节进行灰度范围扩大，增强对比度，将不需要的图像细节进行灰度范围压缩。

假设输入图像 $f(x,y)$ 的灰度范围为 $[0, M]$，增强后的图像 $g(x,y)$ 的灰度范围为 $[0, N]$，区间 $[a, b]$、$[c, d]$ 分别为原图像和增强图像的某一灰度区间，则分段线性灰度变换函数为

$$g(x,y) = \begin{cases} \left(\dfrac{c}{a}\right)f(x,y), & 0 \leqslant f(x,y) < a \\ \left(\dfrac{d-c}{b-a}\right)\left[f(x,y)-a\right]+c, & a \leqslant f(x,y) \leqslant b \\ \left(\dfrac{N-d}{M-b}\right)\left[f(x,y)-b\right]+d, & b < f(x,y) \leqslant M \end{cases} \tag{9-2}$$

a、b、c、d 取不同的值时，可得到不同的效果。

（1）若 $a = c, b = d$，则分段线性灰度变换函数的图像为一条斜率为 1 的直线，增强图像与原图像相同。

（2）若 $a > c, b < d$，则原图像中的灰度区间 $[0, a]$ 与 $[b, M]$ 的动态范围减小，而区间 $[a, b]$

的动态范围增大，从而增大了中间范围的对比度。

（3）若 $a < c, b > d$，则原图像中的灰度区间[0, a]与[b, M]的动态范围增大，而区间[a, b]的动态范围减小。

由此可见，通过调整 a、b、c、d 可以控制函数每段的斜率，从而对任意灰度区间进行扩大或压缩。

3．非线性灰度增强

非线性灰度变换函数通过对图像灰度值进行映射，可以实现图像的非线性灰度增强。常用的非线性灰度增强方法有对数函数非线性变换和指数函数非线性变换两种。

1）对数函数非线性变换

对图像做对数函数非线性变换时，变换函数为

$$g(x,y) = a + \frac{\ln\left[f(x,y)+1\right]}{b \ln(c)} \tag{9-3}$$

通过调整 a、c 可以调整曲线的位置与形状。利用此变换，可以使输入图像的低灰度范围得到扩大，高灰度范围得到压缩，使图像分布均匀。

2）指数函数非线性变换

对图像做指数函数非线性变换时，变换函数为

$$g(x,y) = b^{c\left[f(x,y)-a\right]} - 1 \tag{9-4}$$

通过调整 a、c 可以调整曲线的位置与形状。利用此变换，可以使输入图像的低灰度范围得到扩大，高灰度范围得到压缩，使图像分布均匀。

9.4.2　直方图增强

直方图描述了一幅图像的灰度值分布情况，从图像的灰度值分布情况可以得出图像的很多特征。因此，改变了图像的直方图，也就改变了图像的对比度。常用的直方图增强方法有直方图均衡化和直方图匹配两种。

在进行直方图相关操作之前，先要知道直方图长什么样，也就是直方图统计。从数学上理解，图像直方图实际就是图像各灰度值统计特性与图像灰度值之间的函数关系，它统计的是一幅图像中各灰度级出现的次数或者概率。对一个灰度值在区间[0, L-1]中的图像，从图形上说，它是一个二维图，用横坐标表示各像素点的灰度级 r，用纵坐标表示对应灰度级的像素点个数或概率，可得

$$p(r_k) = \frac{n_k}{N} \tag{9-5}$$

式中，N 是图像像素点的总数，n_k 是图像中第 k 个灰度级的像素数，r_k 是第 k 个灰度级，$k = 0, 1, 2, \cdots, L$-1。从数学角度看，直方图均衡化是以累计分布函数变换法为基础的直方图修正法。算法实现步骤如下：

（1）获取原图像的宽和高；

（2）逐行扫描图像的像素点，并进行灰度值统计；

（3）计算各灰度级的概率密度。

直方图匹配，也称直方图规定化，是指经过规定化的处理，将原图像的直方图变换为特

定形状的直方图的过程。它可以按照预先设定的某个形状来调整图像的直方图，在均衡化原理的基础上，通过建立原图像和期望图像之间的关系，有选择性地控制直方图，使原始图像的直方图变成规定的形状，从而弥补直方图均衡化的一些缺点。

9.4.3　图像平滑

从信号处理的角度看，图像平滑就是去除图像中的高频信息，保留低频信息。因此我们可以对图像实施低通滤波。低通滤波可以去除图像中的噪声，从而模糊图像（噪声是图像中变化比较大的区域，也就是高频信息）。而高通滤波能够提取图像的边缘（边缘也是高频信息集中的区域）。根据滤波器的不同，滤波可分为均值滤波、高斯滤波、中值滤波、双边滤波。

均值滤波是指用像素灰度均值替代原图像中的各像素值。均值滤波是典型的线性滤波算法，它将一个 $m×n$ 大小的卷积核（kernel）放在图像上，中间像素点的灰度值用 kernel 覆盖区域的像素灰度均值替代，计算公式如下：

$$g(x,y) = \frac{1}{mn} \sum_{(x,y) \in S_{xy}} f(x,y) \tag{9-6}$$

式中，S_{xy} 表示中心点为 (x, y)，大小为 $m×n$ 的滤波器窗口。

加权均值滤波不同于上面的均值滤波（所有像素点的系数都是相同的），加权均值滤波使用的模板系数会根据像素点和窗口中心的距离取不同的值，如距离中心像素点越近，系数越大。

高斯滤波是一种线性平滑滤波方法，适用于消除高斯噪声，广泛应用于图像处理的降噪过程中。通俗地讲，高斯滤波就是对整幅图像进行加权平均的过程，每个像素点的灰度值，都由其本身和邻域内的其他像素点的灰度值经过加权平均后得到。高斯滤波的具体操作是，用一个模板（或称卷积、掩模）扫描图像中的每个像素点，用模板确定的邻域内像素点的加权平均灰度值去替代模板中心像素点的灰度值。进行高斯滤波的原因通常是真实图像在空间内的灰度是缓慢变化的，因此邻近点的灰度变化不会很明显，但是随机的两个点就可能形成很大的像素差。正是基于这一点，高斯滤波在保留信号的条件下减少了噪声。遗憾的是，这种方法在接近边缘处就无效了。但是，高斯滤波对于抑制服从正态分布的噪声仍然非常有效。

中值滤波是一种基于排序统计理论的能有效抑制噪声的非线性平滑技术，它将每个像素点的灰度值设置为该点某邻域窗口内的所有像素点灰度值的中间值，也就是将中心像素点的灰度值用所有像素点的中间值（不是平均值）替换。中值滤波通过选择中间值，避免了孤立噪声点对图像的影响，对脉冲噪声有良好的滤除作用。特别地，在滤除噪声的同时，其能够保护信号的边缘，使之不被模糊。此外，中值滤波方法比较简单，也易于用硬件实现。所以，中值滤波方法一经提出，便在数字信号处理领域得到了应用。其基本原理如下：

$$g(x,y) = \text{Med}\{f(x-k, y-l), (k, l \in W)\} \tag{9-7}$$

式中，$f(x, y)$，$g(x, y)$ 分别为原图像和处理后图像，W 为二维模板。

9.4.4　图像锐化

图像平滑往往会使图像中的边界、轮廓变得模糊，为了减少这类不利效果的影响，需要利用图像锐化技术使图像边缘变得清晰。图像锐化能够补偿图像的轮廓，增强图像的边缘及灰度跳变的部分。

　　图像模糊的实质是图像受到了平均运算或积分运算，因此可以对图像进行逆运算（如微分运算），突出图像细节，使图像变得更清晰。常见的微分卷积算子有 Sobel 算子，Laplace 算子等。

　　Sobel 算子结合了高斯平滑和微分运算，常用于图像处理和计算机视觉中，特别是边缘检测算法中。它可以创建强调边缘的图像。从技术上说，它是一个离散的微分算子，能计算图像灰度函数梯度的近似值，它产生的梯度近似值相对粗糙。

　　对图像中的每个像素点，Sobel 算子的计算结果是相应的梯度向量或该向量的范数。Sobel 算子分别在图像水平及垂直方向上作用，利用卷积实现，它将图像与水平和垂直方向上的小的可分离的整数值滤波器进行卷积，因此在计算方面相对简便。其核的大小一般为 3，例如：

$$\boldsymbol{G}_x = \begin{bmatrix} -1 & 0 & 1 \\ -2 & 0 & 2 \\ -1 & 0 & 1 \end{bmatrix} * f(x, y) \qquad \boldsymbol{G}_y = \begin{bmatrix} -1 & -2 & -1 \\ 0 & 0 & 0 \\ 1 & 2 & + \end{bmatrix} * f(x, y) \tag{9-8}$$

　　Laplace 算子是一种微分算子，它可增强图像中灰度突变的区域，减弱图像中灰度缓慢变化的区域。因此，可选择 Laplace 算子对原图像进行锐化处理，产生描述灰度突变的图像，再将 Laplace 图像与原图像叠加产生锐化图像。Laplace 算子的示例如下：

$$\begin{bmatrix} 0 & -1 & 0 \\ -1 & 4 & -1 \\ 0 & -1 & 0 \end{bmatrix} \tag{9-9}$$

9.4.5　暗通道先验去雾算法

　　暗通道先验（Dark Channel Prior）是指在绝大多数非天空的局部区域内，某些像素点至少有一个颜色通道具有很低的值，这是何凯明等人基于 5000 多幅自然图像得到的结论。根据这一结论，何凯明等人提出了暗通道先验去雾算法。

　　对于任意的输入图像 J，暗通道的数学定义如下：

$$J^{\text{dark}}(x) = \min_{y \in \pi(x)} \left(\min_{c \in \{r, g, b\}} J^c(y) \right) \tag{9-10}$$

式中，J^c 表示彩色图像的每个通道，$\pi(x)$ 表示以像素点 x 为中心的窗口。首先求出每个像素点 RGB 分量中的最小值，将其存入一幅和原图像大小相同的灰度图中，然后再对这幅灰度图进行最小值滤波，滤波的半径由窗口大小决定。在实际生活中，形成暗通道主要有 3 个原因：

　　（1）城市中汽车、建筑物等的玻璃窗户上的阴影，或者树叶、树与岩石等自然景观的投影；

　　（2）色彩鲜艳的物体或表面在 RGB 这 3 个通道中的某些通道的值很低（如绿色的草地/树/植物、红色或黄色的花朵、蓝色的水面）；

　　（3）颜色较暗的物体或表面，如灰色的树干和石头。

　　总之，自然景物中到处都是阴影或彩色，这些景物的图像的暗原色总是很灰暗的。

　　在计算机视觉和计算机图形中，下述方程所描述的雾图形成模型被广泛使用：

$$I(x) = J(x)t(x) + A(1 - t(x)) \tag{9-11}$$

式中，$I(x)$是现在已经有的图像（待去雾图像），$J(x)$是恢复无雾的图像，A是全球大气光成分，$t(x)$为透射率。现在的已知条件是 $I(x)$，要求目标值 $J(x)$。显然，这是个有无数个解的方程，因此，就需要一些先验条件了。

对于 RGB 这 3 个颜色通道，首先假设每个窗口内的透射率 $t(x)$为常数，定义为 $\tilde{t}(x)$，并且 A 的值已经给定，对式（9-11）两边求两次最小值，得到

$$\min_{y \in \pi(x)} \left(\min_{c \in \{r,g,b\}} \frac{I^c(y)}{A^c} \right) = \tilde{t}(x) \min_{y \in \pi(x)} \left(\min_{c \in \{r,g,b\}} \frac{J^c(y)}{A^c} \right) + 1 - \tilde{t}(x) \tag{9-12}$$

式中，$J^c(y)$ 为待求的无雾图像，根据暗原色先验理论，有

$$J^{\text{dark}}(x) = \min_{y \in \pi(x)} \left(\min_{c \in \{r,g,b\}} J^c(y) \right) = 0$$

式（9-12）可简化为

$$\tilde{t}(x) = 1 - \min_{y \in \pi(x)} \left(\min_{c \in \{r,g,b\}} \frac{I^c(y)}{A^c} \right) \tag{9-13}$$

在现实生活中，即使是晴天，空气中也存在着一些颗粒，因此，看远处的物体时还是会受到雾的影响，另外，雾的存在让人感到景深的存在，因此，有必要在去雾的时候保留一定程度的雾。可以通过在式（9-13）中引入一个 0～1 之间的因子 γ 来完成，可得

$$\tilde{t}(x) = 1 - \gamma \min_{y \in \pi(x)} \left(\min_{c \in \{r,g,b\}} \frac{I^c(y)}{A^c} \right) \tag{9-14}$$

设 γ 的值为 0.95，对于 A^c，给出一种计算方法：在暗通道图中按照亮度的大小取前 0.1% 的像素点，在这些位置中，在待去雾图像 $I(x)$中寻找对应的具有最高亮度的像素点的灰度值作为 A^c。根据去雾公式 $J(x) = \dfrac{I(x) - A}{t(x)} + A$，当 $t(x)$ 很小时，$J(x)$ 的值会偏大，从而使得图像整体向白场过渡。因此一般可设置一个阈值 t_0，当 $t(x) < t_0$ 时，令 $t(x) = t_0$，一般取 $t_0 = 0.1$，从而得到如下去雾公式：

$$J(x) = \frac{I(x) - A}{\max(t(x), t_0)} + A \tag{9-15}$$

9.4.6　图像质量评价指标

1.　峰值信噪比

峰值信噪比（Peak Signal to Noise Ratio，PSNR）是一种被广泛使用的图像质量评价指标，它是基于对应像素点间的误差（误差敏感）的图像质量评价指标。

设原图像为 $I(i,j)$，其宽为 M，长为 N，其像素点位置为 $\{I(i,j), 0 \leqslant i \leqslant M-1, 0 \leqslant j \leqslant N-1\}$，相应的压缩后的图像为 $\bar{I}(i,j)$，其像素点的位置为 $\{\bar{I}(i,j), 0 \leqslant i \leqslant M-1, 0 \leqslant j \leqslant N-1\}$，则均方误差为

$$\text{MSE} = \frac{1}{MN} \sum_{i=0}^{M-1} \sum_{j=0}^{N-1} \left[I(i,j) - \bar{I}(i,j) \right]^2 \tag{9-16}$$

设 $A=2K-1$，其中 K 为像素点的二进制位数，常取值为 8。则峰值信噪比定义为

$$PSNR=10\lg\left[\frac{A^2MN}{\sum_{i=0}^{M-1}\sum_{j=0}^{N-1}\left[I(i,j)-\bar{I}(i,j)\right]^2}\right](dB) \qquad (9\text{-}17)$$

PSNR 越大，代表失真越少。

2．结构相似性

结构相似性（Structural Similarity，SSIM）是一种衡量两幅图像相似度的指标，越大越好。给定两幅图像 I 和 J，它们的 SSIM 如下：

$$SSIM(I,J)=\frac{(2\mu_I\mu_J+c_1)(2\sigma_{IJ}+c_2)}{(\mu_I^2+\mu_J^2+c_1)(\sigma_I^2+\sigma_J^2+c_2)} \qquad (9\text{-}18)$$

式中，μ_I、μ_J、μ_{IJ} 代表图像均值，σ_I、σ_J、σ_{IJ} 表示方差，$c_1=(K_1L)^2$，$c_2=(K_2L)^2$。K_1 为 0.01，K_2 为 0.03，L 为像素灰度值的动态范围。

9.5　实施步骤

9.5.1　编程实现不同的图像增强算法

使用 Python 或 MATLAB 语言编写代码，实现不同的图像增强算法。

（1）读入视频文件（或者批量读入序列图像数据）；

（2）使用 Python 或者 MATLAB 语言编写代码（可调用 OpenCV 库），实现图像直方图均衡化、均值滤波、高斯滤波、中值滤波等算法，观察、记录实验结果；

（3）读入一幅图像，将图像的宽高分别缩小 1/2 和 1/5 后计算 PSNR 及 SSIM，并对比结果。

9.5.2　编程实现暗通道先验去雾算法

使用 Python 或者 MATLAB 语言编写代码，实现暗通道先验去雾算法。

（1）读入视频文件（或者批量读入序列图像数据）；

（2）应用暗通道去雾算法实现图像去雾；

（3）使用不同的 A 值进行计算，观察、记录去雾效果；

（4）撰写实验报告。

## 第 10 章

图像分割

10.1 学习目的

（1）了解图像分割的常用算法；
（2）掌握基于阈值的图像分割算法；
（3）掌握选择性搜索算法。

10.2 实践内容

（1）准备实验素材，理解适用于图像分割的数据标注方式。
（2）编程实现基于阈值的图像分割算法，对不同光照条件下的车牌进行图像处理并对比结果；
（3）编程实现选择性搜索算法；
（4）改变选择性搜索算法的参数，观察实验结果并总结规律。

10.3 准备材料

进行图像分割实践所需的材料如表 10-1 所示。

表 10-1　进行图像分割实践所需的材料

准 备 材 料	数　　量
实验数据集	1 组（可使用公开数据集）
MATLAB 软件	1 套（版本不低于 2010a）
计算机	1 台

10.4 预备知识

10.4.1 图像分割算法的研究现状

图像分割的目的在于利用图像内物体的共有特性，将图像分割成若干个具备相同特性的目标区域或边缘集合，并为目标检测提供初始分割区域。图像分割算法决定区域分割的精度，直接影响目标检测的效果。准确地描述区域内部特性有助于准确地进行目标检测，同时缩短目标检测消耗的时间。

根据区域分割原理，图像分割算法可以大致分为基于阈值的图像分割算法、基于边缘的图像分割算法、基于区域的图像分割算法及基于图论的图像分割算法。

基于阈值的图像分割算法是最基础的图像分割算法，其利用单一或若干阈值进行区域的划分，如利用颜色、灰度等阈值进行图像分割，典型算法有大津法（OTSU）、迭代法、Bernsen 算法、Niblack 算法、高斯拉普拉斯算法等。该算法尽管难以区分复杂场景下的图像区域，但计算复杂度低、效率高，因此始终在图像分割领域占有一席之地。

基于边缘的图像分割算法利用边缘图像获取不同目标区域间的边界进而分割图像，如利用 Sobel 算子、Canny 算子等获取边缘图像，再连接边缘形成边界轮廓。这种自下而上的方法会因为边缘的不连续和分叉造成边界连接，耗费大量时间且分割不成功，因此并不常用。

基于区域的图像分割算法利用像素间的相似程度进行区域分割。传统的算法有种子区域生长法、区域分裂合并法等。对区域相似程度进行度量的特征选择较为简单，以灰度或者颜色为主。随着各种特征提取和计算方法的融合，区域相似独立特征越来越丰富。但是从策略上看，与区域分裂合并方法一致，都是先根据底层特征提取具有相似特征的、小的初始区域（即超像素），再通过多特征组合策略，将其合并为大的目标区域。目前，基于区域的图像分割算法以选择性搜索算法为代表，该算法表现出了优异的性能，并被集成到 Fast R-CNN 等经典的目标检测神经网络框架中。

基于图论的图像分割算法将图像视为图，利用图论的方法进行图像分割，包括最大流/最小割算法等。在当前比较流行的图像分割方法中，基于图论的图像分割算法往往作为初始超像素分割的基础。

下面主要介绍基于阈值的图像分割算法、基于图论的图像分割算法和选择性搜索算法。

10.4.2　基于阈值的图像分割算法

基于阈值的图像分割算法也称为图像二值化算法，即将图像中的像素点区分成目标与背景两种类型。对简单的图像识别（如文字识别、车牌识别）任务来说，这种算法能够高效地获取目标区域。其数学表达式如下：

$$g(x,y) = \begin{cases} 1, f(x,y) > T \\ 0, f(x,y) \leqslant T \end{cases} \tag{10-1}$$

式中，$f(x,y)$、$g(x,y)$ 分别为输入图像和输出图像，T 是阈值。

基于阈值的图像分割算法的关键是如何计算阈值，根据应用的空间范围，其可分为全局阈值算法和局部阈值算法两类。全局阈值算法一般根据整幅图像的直方图或灰度值的空间分布确定一个阈值，根据此阈值将整幅图像进行二值化。其优点是算法简单，计算复杂度低，对目标和背景的区分性强，灰度直方图呈明显双峰时效果较好；缺点是应用于光照不均匀、噪声较大的图像上时效果不理想。典型的全局阈值算法有大津法、迭代法等。

局部阈值算法通过比较当前考察点与其邻域点灰度值的关系来判定考察点是目标还是背景，一般通过邻域计算模板来实现。局部阈值算法对光照不均匀和噪声有一定的适应能力，应用范围比全局阈值算法更广泛。其缺点是计算速度受邻域计算模板的影响相对较慢，较难保证目标的完整性和连通性。常见的局部阈值算法有 Bernsen 算法、Niblack 算法、高斯拉普拉斯算法等。

1. 大津法

大津法是效果较好且应用比较广泛的一种全局阈值算法，其原理是把图像分为目标像素和背景像素两类，以灰度值作为两类的特征属性，最佳阈值应该体现出最优的类别分离性能。方差是对特征（这里为灰度值）分布离散性的一种度量，方差越大，说明构成图像的两部分的差别越大。因此引入类内方差、类间方差和总体方差，并定义 3 个等效的准则来衡量类别分离性能。好的全局阈值能使两个类别的类内方差小，类间方差大。大津法使用最大类间方差来获取最佳分割阈值。

该算法的具体步骤如下。

对尺寸为 $M×N$ 的图像 $f(x, y)$，灰度值范围为[0, $m-1$]（通常为[0, 255]），$p(k)$ 表示灰度值为 k 的概率，则有

$$p(k) = \frac{1}{MN} \sum_{f(i,j)=k} 1 \tag{10-2}$$

则目标部分比例为

$$w_0(t) = \sum_{0 \leq i \leq t} p(i)$$

目标部分像素数为

$$N_0 = MN \sum_{0 \leq i \leq t} p(i)$$

背景部分比例为

$$w_1(t) = \sum_{t \leq i \leq m-1} p(i)$$

背景部分像素数为

$$N_1 = MN \sum_{t \leq i \leq m-1} p(i)$$

目标的灰度均值为

$$\mu_0(t) = \sum_{0 \leq i \leq t} ip(i) / w_0(t)$$

背景的灰度均值为

$$\mu_1(t) = \sum_{t \leq i \leq m-1} ip(i) / w_1(t)$$

总的图像灰度均值为

$$\mu = w_0(t)\mu_0(t) + w_1(t)\mu_1(t)$$

那么，图像的最佳阈值 g 为

$$g = \max\left[w_0(t)(\mu_0(t) - \mu)^2 + w_1(t)(\mu_1(t) - \mu)^2 \right] \tag{10-3}$$

即令阈值在 0～$m-1$ 之间遍历，求使类间方差 $w_0(t)(\mu_0(t) - \mu)^2 + w_1(t)(\mu_1(t) - \mu)^2$ 最大时的 g，即所求的最佳阈值。

2．迭代法

迭代法也是常用的全局阈值算法，具体过程如下。

（1）选取初始阈值 T_0。通常可选择图像灰度值的中值作为初始阈值 T_0。

（2）利用阈值 T_i 把图像分割成两部分：R_1 和 R_2（目标和背景），分别计算两部分的灰度均值，再将结果取平均，以获取一个新的阈值 T_{i+1}。

$$T_{i+1} = \frac{1}{2}\left[\frac{\sum_{k=0}^{T_i} h_k \times k}{\sum_{k=0}^{T_i} h_k} + \frac{\sum_{k=T_{i+1}}^{L-1} h_k \times k}{\sum_{k=T_{i+1}}^{L-1} h_k} \right] \tag{10-4}$$

式中，L 为灰度级的个数，h_k 是灰度值为 k 的像素点的个数。

（3）当新的阈值 T_{i+1} 与 T_i 的差小于某个给定值时，结束迭代。此时的 T_{i+1} 即图像分割的阈值。

3．Bernsen 算法

该算法将窗口内像素最大值与最小值的平均值作为当前像素点的阈值，计算公式如下：

$$T(x,y) = \frac{1}{2}\left(\max_{\substack{-W \leq m \leq W \\ -W \leq n \leq W}} f(x+m, y+n) + \min_{\substack{-W \leq m \leq W \\ -W \leq n \leq W}} f(x+m, y+n) \right) \tag{10-5}$$

式中，$T(x,y)$ 为 $f(x,y)$ 对应的阈值，此处选择的计算窗口是边长为 $2W$ 的正方形。根据各像素点的阈值对图像中的像素点逐个进行二值化。

4．Niblack 算法

光照非常不均匀时，对图像中的每个像素点计算其邻域的灰度均值 m 和标准差 s。图像中任意一点的阈值计算公式如下：

$$T = m + ks \tag{10-6}$$

式中，k 为自定义系数，k 越大，噪声去除效果越好，但目标区域也会变大。

5．高斯拉普拉斯算法

高斯拉普拉斯算法把高斯平滑滤波器和拉普拉斯锐化滤波器结合起来，先用高斯函数对图像进行平滑，去除噪声影响，然后用 Laplace 算子进行边缘检测。边缘从微观意义上说是图像灰度值变化比较大的地方，从宏观意义上说是目标区域与背景区域之间的边界点。边缘受光照变化的影响较小。高斯拉普拉斯算法的具体描述如下：

$$e(i,j) = \nabla^2 \left[G(i,j) * f(i,j) \right] \tag{10-7}$$

式中，*代表卷积，∇^2 为 Laplace 算子，$G(i,j)$ 为二维高斯函数，有

$$G(i,j) = \sigma^2 E^{-\left(i^2+j^2\right)/2\sigma^2} \qquad i,j = -n, \cdots, -1, 0, 1, \cdots, n \tag{10-8}$$

式（10-7）可改写成

$$e(i,j) = \left[\nabla^2 G(i,j) \right] * f(i,j) \tag{10-9}$$

式中，$\nabla^2 G(i,j)$ 称为高斯拉普拉斯算子，是一个各向同性的轴对称函数。该算子在距中心距离

为σ时过零点，距中心距离小于σ时为正，大于σ时为负。可证明该算子在定义域内的平均值为零，因此将它与图像卷积并不会改变图像的整体动态范围。经过高斯拉普拉斯算子卷积后得到$e(i,j)$，根据过零点的情况对灰度图像进行二值化。参数σ的选择关系到图像的模糊程度，σ越大，图像越模糊，局部噪声的影响越小。n的取值由σ决定，有$n = 4\sqrt{2}\sigma$。

表 10-2 给出了以上算法对不同光照条件下车牌图像的分割效果，其中 Niblack 算法的系数k为 0.6，高斯拉普拉斯算法的系数σ为 1.6。可以看出，在光照均匀的情况下，全局阈值算法的效果比较稳定；在光照不均匀的情况下，"阴阳牌"现象明显，局部阈值算法能够较好地保留图像目标区域。

表 10-2　不同光照条件下车牌图像的分割效果

项　　　目	正常光照	光线不足	强光照射	阴阳牌
原始车牌图				
倾斜校正后的灰度图				
大津法				
迭代法				
Bernsen 算法				
Niblack 算法				
高斯拉普拉斯算法				

10.4.3　基于图论的图像分割算法

人眼可以通过学习得到的经验对不同的物体进行区分，但在图像处理中，如何利用数字化语言对物体进行描述进而对图像进行分割是一大难点。基于图论的图像分割算法利用不同像素点之间的距离（灰度图像为灰度值，RGB 图像为各颜色通道的值）衡量两个像素点之间的相似度：

$$w(v_i, v_j) = \sqrt{(r_i - r_j)^2 + (g_i - g_j)^2 + (b_i - b_j)^2} \qquad (10\text{-}10)$$

式中，$w(v_i,v_j)$表示像素点v_i与v_j之间的距离，r_i、g_i、b_i分别表示像素点v_i的 R、G、B 颜色通道的值。$w(v_i,v_j)$越小，两像素点的相似度越高。

对两个区域之间或者一个区域与一个像素点之间的相似度进行度量时并不需要对区域中的每个像素点进行判别，最简单有效的方法是利用区域之间或区域与像素点之间相互连接的边的权重对两者进行相似度度量。

如图 10-1 所示，通过两区域的连接线（虚线边）对两区域进行相似度度量以确认两区域是否应该进行合并。在传统的图像分割算法中，当两区域的边的权重（即不相似度）小于某阈值时，进行合并；反之不合并。通过多次迭代，最终形成若干个具备颜色共性的分割区域。这种固定阈值的方法虽然简便，但对颜色较不明显的区域的分割效果较差，如图 10-2 所示。

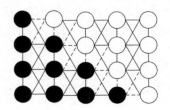

图 10-1　图的区域划分

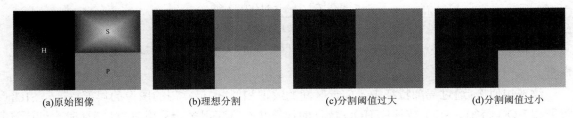

(a)原始图像　　　　　　(b)理想分割　　　　　　(c)分割阈值过大　　　　　　(d)分割阈值过小

图 10-2　传统图像分割算法示意图

基于图论的图像分割算法在求得各相邻像素点间的相似度后，将图像简化为最小生成树，以便进一步进行图像分割，步骤如下。

（1）获取图像内各相邻像素点间的相似度，即边的权重。

（2）将图像视为一个图 G，进行最小生成树的简化，对图 G 内的所有边，按照边的权重进行排序。

（3）将图 G 内的每个顶点（像素点）视为初始分割区域 $S[0]$。

（4）根据上一次的分割区域 $S[q-1]$（$q \in \{1,2,3,\cdots,m\}$，m 为边的数量)，选择两区域间顶点相互连接的最小边的权重 $\text{Dif}(C_i, C_j)$，并以两区域间的最小分割内部差 $\text{MInt}(C_i, C_j)$ 的大小为标准判断两区域是否相似，当 $\text{Dif}(C_i, C_j) < \text{MInt}(C_i, C_j)$ 时，合并两区域，否则继续下一步骤。

（5）重复步骤（4），直至遍历所有边。

（6）最终所获得的分割区域 $S[m]$ 即所求的分割区域。

10.4.4　选择性搜索算法

传统的图像分割算法通常根据图、边缘特征等来区分目标区域，但由于缺少必要的语义表达模型，往往造成过分割。选择性搜索算法（Selective Search）以基于图论的图像分割算法为基础，构建物体颜色、纹理、大小及吻合度的语义表达模型，通过对图像内具有颜色、纹理等相似特性的区域（超像素）进行合并，从而获得若干个目标区域。

选择性搜索算法的步骤如下。

（1）利用基于图论的图像分割算法获取具有相似特性的初始分割区域 $R = \{r_1, r_2, \cdots, r_n\}$。

（2）获取两邻近区域在颜色、纹理、大小及吻合度上的相似度 $s(r_i, r_j)$。

（3）合并最相似的两个区域 r_i 和 r_j 为 r_i，从相似度集合 s 中移除两区域的相似度 $s(r_i, r_j)$，重新计算相似度并将区域 r_i 添加至区域集合 R 中。

（4）重复步骤（3）至 $s = \varnothing$，获取区域集合 R 中每个区域的外接矩形，即目标区域。

在步骤（2）中，物体颜色、纹理、大小及吻合度的语义表达模型如下。

颜色相似度：对图像进行归一化并统计各颜色通道的 25 个区间的直方图，对 RGB 图像，每个初始分割区域都可得到 3×25 维颜色向量 $\boldsymbol{C}_i = \{c_i^1, \cdots, c_i^n\}$，$r_i$ 和 r_j 的颜色相似度的计算公式如下：

$$s_{\mathrm{color}}(r_i, r_j) = \sum_{k=1}^{n} \min(c_i^k, c_j^k) \tag{10-11}$$

合并区域的颜色向量的计算公式如下：

$$\boldsymbol{C}_t = \frac{\mathrm{size}(r_i) \times \boldsymbol{C}_i + \mathrm{size}(r_j) \times \boldsymbol{C}_j}{\mathrm{size}(r_i) + \mathrm{size}(r_j)} \tag{10-12}$$

式中，$\mathrm{size}(r_i)$ 表示区域 r_i 的大小，$\mathrm{size}(r_j)$ 表示区域 r_j 的大小，$\boldsymbol{C}_i$ 和 $\boldsymbol{C}_j$ 表示区域 r_i 与 r_j 的颜色向量。

纹理相似度：通过局部特征表示邻近区间的纹理相似度，最常用的图像的局部特征是 SIFT 特征和 HOG 特征。SIFT 特征比 HOG 特征的计算复杂度高很多。采用 HOG 特征时，可计算区域内 8 个区间的梯度方向直方图，并将区域中每个颜色通道切分为 10 个区间。对 3 颜色通道图像，每个区域会获取 $8 \times 3 \times 10$ 维的 HOG 特征向量 $\boldsymbol{T}_i = \{t_i^1, \cdots, t_i^n\}$，区域间纹理相似度的计算公式如下：

$$s_{\mathrm{texture}}(r_i, r_j) = \sum_{k=1}^{n} \min(t_i^k, t_j^k) \tag{10-13}$$

大小相似度：当两区域间的颜色相似度、纹理相似度都相同时，面积较小的区域有更大的可能属于同一物体，即大小相似度越大，越应该合并，大小相似度的计算公式如下：

$$s_{\mathrm{size}}(r_i, r_j) = 1 - \frac{\mathrm{size}(r_i) + \mathrm{size}(r_j)}{\mathrm{size}(\mathrm{im})} \tag{10-14}$$

式中，$\mathrm{size}(\mathrm{im})$ 表示整幅图像的大小。

吻合度相似度：当相邻区域存在相交或包含关系时，该相邻区域更具相似性，因此定义吻合度相似度，吻合度相似度的计算公式如下：

$$\mathrm{fill}(r_i, r_j) = 1 - \frac{\mathrm{size}(\mathrm{BB}_{ij}) - \mathrm{size}(r_i) - \mathrm{size}(r_j)}{\mathrm{size}(\mathrm{im})} \tag{10-15}$$

式中，$\mathrm{size}(\mathrm{BB}_{ij})$ 表示合并后区域的外接矩形的大小。

将以上 4 种相似度以加权求和的方法进行组合，即可获取区域间的相似度 $s(r_i, r_j)$。有

$$s(r_i, r_j) = a_1 s_{\mathrm{color}}(r_i, r_j) + a_2 s_{\mathrm{texture}}(r_i, r_j) + a_3 s_{\mathrm{size}}(r_i, r_j) + a_4 \mathrm{fill}(r_i, r_j) \tag{10-16}$$

式中，$a_i \in [0,1]$。

选择性搜索算法的流程如图 10-3 所示。利用 $s(r_i, r_j)$ 对初始分割区域进行合并，最终获取可能包含物体的目标区域。

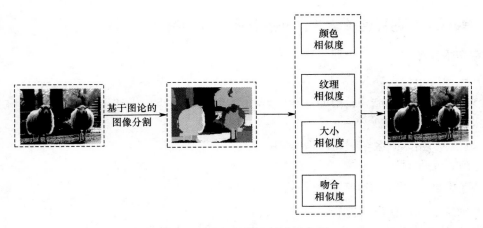

图 10-3　选择性搜索算法的流程

对算法效果的评价通常采用重合度（Overlap），也称为交并比（IoU），定义如下：

$$Overlap(g, I) = \frac{area(g) \cap area(I)}{area(I) \cup area(g)} \qquad (10\text{-}17)$$

式中，area(g)表示分割后获得的目标区域，area(I)表示正确区域。

10.5　实施步骤

10.5.1　采集并标注数据

（1）采集数据。人工采集简单文本数据或者车牌数据，并下载复杂场景下的公开数据集 VOC2007。

（2）明确数据集内各物体的位置信息。

● 人工采集的图像可以自行标注（参见第 8 章）。

● 对公开数据集，可以阅读其说明文件，了解各物体位置信息的保存形式及测试形式。

● 在 MATLAB 中，基于 VOC2007 数据集，可以直接加载已经训练好的文件 Ground TruthVOC2007test.mat 获得位置信息。

10.5.2　编程实现基于阈值的图像分割算法

（1）编程实现基于阈值的图像分割算法，对人工采集的图像进行分割，以大津法为例，其在 MATLAB 中使用方法如下。

● 调用 MATLAB 自带函数 gray 获取图像 img 的阈值 T。

　　T = graythresh(img);

● 根据阈值 T 对图像 img 进行二值化处理。

　　BW = im2bw(img,T);

（2）对比不同算法的处理效果。其中，对局部阈值算法，应至少取 3 组不同的参数进行对比。

10.5.3 编程实现选择性搜索算法并进行图像分割测试

设定初始参数

（1）相似度组合策略设置。

simFunctionHandles = {@SSSimColourTextureSizeFillOrig, @SSSimTextureSizeFill, …
@SSSimBoxFillOrig, @SSSimSize};

（2）最小初始分割区域设置（取 $k=200$）。

（3）颜色空间设置。

colorTypes = {'Rgb', 'Hsv', 'Lab', 'RGI', 'H', 'Intensity'};

（4）确定输入、输出。

● 输入图像的格式/文件名。

images = {'000015.jpg'};

im = imread(images{1});

● 由于需要与已标注物体位置信息进行比较，因此输出结果为重合度（如果数据集小，可以同时输出检测的图像）。

[boxes blobIndIm blobBoxes hierarchy] = Image2HierarchicalGrouping(im, sigma, k, minSize,…

colorType, simFunctionHandles);

其中，boxes 是检测到的物体矩形框。

[boxAbo boxMabo boScores avgNumBoxes] = BoxAverageBestOverlap(gtBoxes, geImIds, … boxes);

● 计算目标检测重合度。

（5）确定最佳参数（固定两个参数，调整另一个参数，使重合度最高的参数为最佳参数）。

（6）观察结果（图像及数据）。

● 观察结果，分析该算法的实用性。

● 观察哪种组合策略能达到最佳的效果并分析原因。

● 针对数据集中不同类别的图像（如纹理更强、颜色更强等），观察哪种组合策略能达到最佳的效果并分析原因。

● 分析选择性搜索算法的时间消耗，并联想实际使用场景。

第 11 章

图像分类

11.1 学习目的

（1）了解图像分类技术的基本原理；

（2）了解常用的图像分类网络模型；

（3）了解 CIFAR-10 数据集；

（4）掌握利用 PyTorch 搭建深度神经网络实现图像分类；

11.2 实践内容

（1）利用 PyTorch 实现图像分类；

（2）使用 CIFAR-10 数据集调试、分析、完善图像分类系统，展示训练、测试结果。

11.3 准备材料

进行图像分类实践所需的材料如表 11-1 所示。

表 11-1 进行图像分类实践所需的材料

准 备 材 料	数 量
CIFAR-10 数据集	1 份
测试用视频	1 个
参考代码	1 份
计算机	1 台

11.4 预备知识

图像分类要解决的问题是图像中的物体是什么，作为计算机视觉、模式识别、机器学习领域的基础研究方向，它在很多领域都有广泛应用，如智慧交通领域的交通场景识别、车牌识别、车型识别；安防领域的人脸识别、指纹识别、掌纹识别、行人识别；互联网领域的图像检索、图像自动归类等。在图像分类的研究中，CIFAR-10 是一个常用的数据集。

11.4.1　CIFAR-10 简介

CIFAR-10 是由 Geoffrey Hinton 的学生 Alex Krizhevsky 和 IIya Sutskever 整理的一个用于识别普适物体的小型彩色图像数据集，如图 11-1 所示。其包含 10 个类别的 RGB 彩色图像：飞机（airplane）、汽车（automobile）、鸟（bird）、猫（cat）、鹿（deer）、狗（dog）、蛙（frog）、马（horse）、船（ship）和卡车（truck）。图像的尺寸为 32×32，数据集中共有 50000 幅训练图像和 10000 幅测试图像。

图 11-1　CIFAR-10 数据集

11.4.2　卷积神经网络简介

卷积神经网络（Convolutional Neural Network, CNN）是一种前馈神经网络，它的人工神经元可以响应一部分覆盖范围内的周围单元，在大型图像的处理中有出色表现。

卷积神经网络由一个或多个卷积层、池化层和顶端的全连通层（对应经典的神经网络）组成，这一结构使得卷积神经网络能够利用输入数据的二维结构。与其他深度学习模型相比，卷积神经网络在图像和语音识别方面能够得出更好的结果。这一模型也可以使用反向传播算法进行训练。相比前馈神经网络，卷积神经网络需要的训练参数更少，是一个对研究人员很有吸引力的深度学习模型。

卷积层：在数学中，卷积是对两个函数执行的运算，用来产生第三个函数。卷积是信号和图像处理中的重要操作之一，它可以采用 1D（如语音处理）、2D（如图像处理）或 3D（如视频处理）的方式进行。在图像处理中，卷积是指在每个像素点及其局部邻居上应用卷积核来转换图像的过程。卷积核是一个矩阵，其大小和值决定卷积过程的转换效果。

卷积过程的操作步骤如下。

（1）将卷积核放置在图像的每个像素点上（确保完整的卷积核在图像内），将卷积核的每个值乘以其对应的像素值。

（2）将相乘后的值相加并作为中心像素的新值。

（3）在整个图像上重复此过程。

卷积过程如图 11-2 所示。

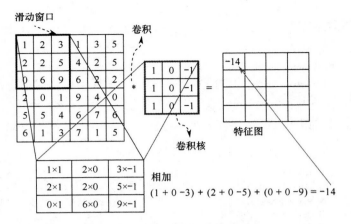

图 11-2　卷积过程

卷积过程可以理解为，使用一个过滤器（卷积核）来过滤图像的各个小区域，从而得到这些小区域的特征值。

池化层（下采样层）：池化层通常用于对图像进行下采样，以减少数据量。一个典型的最大值池化（Max Pooling）过程如图 11-3 所示。

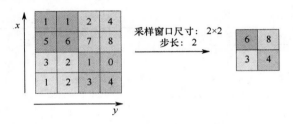

图 11-3　最大值池化过程

原始图像尺寸为 4×4，我们对其进行最大值池化，采样窗口尺寸为 2×2，最终将其下采样成一个 2×2 大小的特征图。

全连接层：全连接层通常用于最后的输出，它负责将卷积层、池化层提取的特征映射成要分类的对象，全连接层如图 11-4 所示。

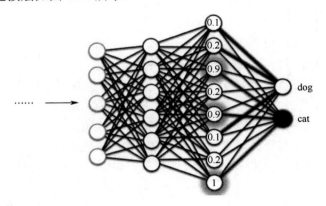

图 11-4　全连接层

11.4.3 经典的网络模型

1. LeNet-5

LeNet-5 模型是由 Yann LeCun 于 1998 年提出的，该模型最早用于识别手写数字，是早期卷积神经网络的经典模型之一。LeNet-5 模型如图 11-5 所示，整个网络共有 7 层（不包括输入层），有 2 个卷积层、2 个池化层及 3 个全连接层，其网络结构参数如表 11-2 所示。

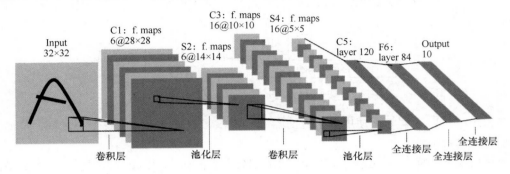

图 11-5　LeNet-5 模型

表 11-2　LeNet-5 网络结构参数

网络层	卷积核尺寸	步长	填充	输出尺寸
C1	5×5	1	0	$28 \times 28 \times 6$
S2	2×2	2	0	$14 \times 14 \times 6$
C3	5×5	1	0	$10 \times 10 \times 16$
S4	2×2	2	0	$5 \times 5 \times 16$
C5	5×5	1	0	$1 \times 1 \times 120$
F6	—	—	—	84
Output	—	—	—	10

LeNet-5 的输入是一幅尺寸为 32×32 的图像。

第一层为卷积层，使用 6 个尺寸为 5×5、步长都为 1 的卷积核对输入图像进行卷积运算，得到 6 个 28×28 的特征图，共有 $156 \times 28 \times 28 = 122304$ 个连接，需要训练 $6 \times (5 \times 5 + 1) = 156$ 个参数。

第二层为池化层，使用尺寸为 2×2、步长为 2 的采样窗口对第一层的输出进行池化，得到 6 个 14×14 的特征图，共有 $5 \times 14 \times 14 \times 6 = 5880$ 个连接。

第三层为卷积层，使用 16 个尺寸为 5×5、步长都为 1 的卷积核对第二层的输出进行卷积，得到 16 个 10×10 的特征图。第二层与第三层的连接关系如图 11-6 所示，其中行索引代表第二层的 6 个特征图，列索引代表第三层的 16 个特征图，前 6 个特征图与第二层相邻的 3 个特征图相连接，紧接的 6 个特征图与第二层相邻的 4 个特征图相连接，后面 3 个特征图与第二层不相连的 4 个特征图连接，最后一个特征图与第二层所有的特征图连接，共有 151600 个连接，需要训练

$$6 \times (3 \times 5 \times 5 + 1) + 6 \times (4 \times 5 \times 5 + 1) + 3 \times (4 \times 5 \times 5 + 1) + 1 \times (6 \times 5 \times 5 + 1) = 1516$$

个参数。

	0	1	2	3	4	5	6	7	8	9	10	11	12	13	14	15
0	X				X	X	X			X	X	X	X			X
1	X	X				X	X	X			X	X	X	X		X
2	X	X	X				X	X	X			X		X	X	X
3		X	X	X			X	X	X	X			X		X	X
4			X	X	X			X	X	X	X		X	X		X
5				X	X	X			X	X	X	X		X	X	X

图 11-6　第二层与第三层的连接关系

第四层为池化层，使用尺寸为 2×2、步长为 2 的采样窗口对第三层的输出进行池化，得到 16 个 5×5 的特征图，共有 5×5×5×60 = 2000 个连接。

第五层为全连接层，由于第四层的 16 个特征图的尺寸为 5×5，与卷积核的大小相同，所以卷积后形成的图的尺寸为 1×1，这里形成 120 个卷积结果。每个都与上一层的 16 个特征图相连。所以共有 5×5×16×120+120 = 48120 个参数，同样有 48120 个连接。

第六层为全连接层，有 84 个节点，共有 84×120+120=10164 个连接和参数。

第七层为输出层，也为全连接层，有 10 个节点（代表数字 0～9），共有 10×84 = 840 个连接和参数。

以上为 LeNet-5 的整个网络结构，网络结构简单，共有 60856 个参数。

2．AlexNet

LeNet-5 是第一个典型的卷积神经网络模型，而 AlexNet 则是第一个引起广泛关注的卷积神经网络模型，AlexNet 的网络结构是 Alex Krizhevsky 等人在 2012 年的 ImageNet 比赛中提出的，该模型获得了当年该比赛的冠军。AlexNet 的提出对卷积神经网络的发展具有重大意义，相比于 LeNet-5，其有以下几点改进。

（1）数据增强：对数据集中的图像进行水平翻转、随机裁剪、平移变换、颜色光照变换等操作，以此增强模型的性能。

（2）增加 Dropout（丢弃）：按照一定概率丢弃网络中全连接层的神经元，如图 11-7 所示，防止模型过拟合。

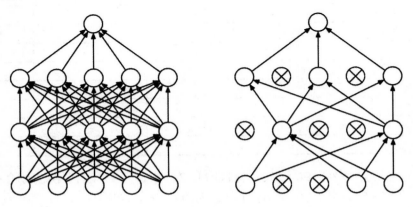

图 11-7　Dropout 示意图

（3）使用 ReLU 激活函数：ReLU 激活函数在给网络引入非线性的同时也引入了稀疏性，

从而起到了自动化解离的作用，此外，其导数 "在输入大于 0 时的值为 1"的特性能够避免在训练时产生梯度消失现象，使网络的收敛速度相对稳定。

（4）局部响应归一化（Local Response Normalization，LRN）：利用邻近的数据做归一化。

（5）使用重叠池化（Overlapping Pooling）。

（6）多 GPU 并行：GPU 在图像处理速度方面比 CPU 快，能够缩短网络训练时间。

如图 11-8 所示，AleNet 分为上下两个网络（对应两个 GPU），二者到达特定网络层后进行交互，共有 8 层［不计 LRN 层和池化层］，前 5 层为卷积层，后 3 层为全连接层。

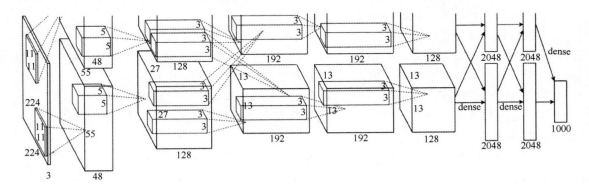

图 11-8　AlexNet 模型

在图 11-8 中，AlexNet 的输入是一幅 RGB 图像（3 个通道），其图像尺寸为 $224 \times 224 \times 3$，经过预处理后变为 $227 \times 227 \times 3$，其网络结构参数如表 11-3 所示。

表 11-3　AlexNet 网络结构参数

网络层	卷积核尺寸	步长	填充	输出尺寸
1	$11 \times 11 \times 3$	4×4	0	$55 \times 55 \times 96$
LRN 层和池化层	3×3	2	0	$27 \times 27 \times 96$
2	$5 \times 5 \times 48$	1×1	2	$27 \times 27 \times 256$
LRN 层和池化层	3×3	2	0	$13 \times 13 \times 256$
3	$3 \times 3 \times 256$	1×1	1	$13 \times 13 \times 384$
4	$3 \times 3 \times 192$	1×1	1	$13 \times 13 \times 384$
5	$3 \times 3 \times 192$	1×1	1	$13 \times 13 \times 256$
LRN 层和池化层	3×3	2	0	$6 \times 6 \times 256$
6	—	—	—	4096
7	—	—	—	4096
8	—	—	—	1000

第一层为卷积层，使用 96 个尺寸为 $11 \times 11 \times 3$、步长为 4×4 的卷积核对输入图像进行卷积，得到 96 个 55×55 的特征图，共有 $11 \times 11 \times 3 \times 96 + 96 = 34944$ 个参数。然后经过 LRN 层和池化层，最终得到特征图（$27 \times 27 \times 96$）。

第二层为卷积层，使用 256 个尺寸为 $5 \times 5 \times 48$、步长为 1×1，且填充为 2 的卷积核对第一层的输出进行卷积，得到 256 个 27×27 的特征图，共有 $(5 \times 5 \times 48 \times 128 + 128) \times 2 = 307456$ 个参数。然后经过 LRN 层和池化层，得到特征图（$13 \times 13 \times 256$）。

第三层为卷积层，使用 384 个尺寸为 $3 \times 3 \times 256$、步长为 1×1，且填充为 1 的卷积核对第二层的输出进行卷积运算，得到 384 个 13×13 的特征图，共有 $3 \times 3 \times 256 \times 384 + 384 = 885120$ 个参数。

第四层为卷积层，使用 384 个尺寸为 $3 \times 3 \times 192$、步长为 1×1，且填充为 1 的卷积核对第三层的输出进行卷积运算，得到 384 个 13×13 的特征图，共有 $(3 \times 3 \times 192 \times 192 + 192) \times 2 = 663936$ 个参数。

第五层为卷积层，使用 256 个尺寸为 $3 \times 3 \times 192$、步长为 1×1，且填充为 1 的卷积核对第四层的输出进行卷积运算，得到 256 个 13×13 的特征图，共有 $(3 \times 3 \times 192 \times 128 + 128) \times 2 = 442624$ 个参数。然后经过 LRN 层和池化层，最终得到特征图（$6 \times 6 \times 256$）。

第六层为全连接层，有 4096 个节点，共有 $6 \times 6 \times 128 \times 2 \times 4096 + 4096 = 37752832$ 个参数。

第七层为全连接层，有 4096 个节点，共有 $1 \times 1 \times 4096 \times 4096 + 4096 = 16781312$ 个参数。

第八层为输出层，也为全连接层，有 1000 个节点（1000 个类别），共有 $1 \times 1 \times 4096 \times 1000 + 1000 = 4097000$ 个参数。

以上为 AlexNet 的整个网络结构，比 LeNet-5 更复杂且参数更多，共有 60965224 个参数。

3. VGG16

VGGNet 是由牛津大学计算机视觉组和 Google DeepMind 项目的研究员共同研发的一种卷积神经网络模型，主要包含 VGG16 和 VGG19 两种，这里简单介绍 VGG16。VGG16 模型如图 11-9 所示。

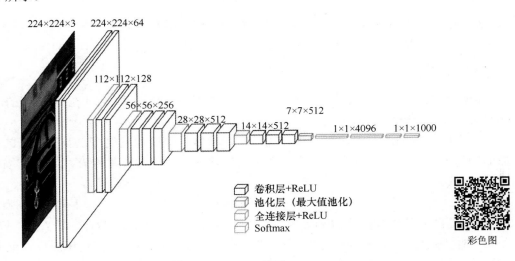

图 11-9 VGG16 模型

相对于 AlexNet，VGG16 的深度更大，通过反复堆叠卷积层和池化层，最终构建了一个 16 层的网络结构（不计池化层），其中包括 13 个卷积层、3 个全连接层。

4．GoogLeNet

GoogLeNet 是 Christian Szegedy 在 2014 年提出的一种新的模型。AlexNet、VGGNet 等模型都是通过单纯地增加深度来获得更好的训练效果，这样容易导致过拟合、梯度消失、梯度爆炸等问题。而 GoogLeNet 在增加网络深度和宽度的同时，提出运用 Hebbian 原理，将全连接的方式改为稀疏连接，以此来优化网络结构。

GoogLeNet 中的基础卷积块称为 Inception 模块，如图 11-10 所示。这里有 4 条并行的线路，前 3 条线路会分别使用 1×1，3×3，5×5 的卷积核来抽取不同的空间信息，中间两条线路会先使用 1×1 的卷积核来降低通道数；第 4 条线路则先经过 3×3 的池化层（最大值池化），再经过一个卷积层（1×1）。4 条线路均使用合适的填充使得输入和输出的大小一致，最终将这 4 条线路合并，输出到下一层中。

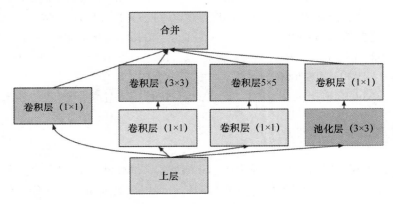

图 11-10　Inception 模块

GoogLeNet 与 VGGNet 一样，在主体卷积部分中使用 5 个模块，每个模块之间使用步长为 2 的 3×3 的池化层（最大值池化）来减小高、宽，具体的模型结构如图 11-11 所示。

5．ResNet

ResNet 是 2015 年由何恺明等人提出的一种卷积神经网络模型，其在 2015 年的 ImageNet 比赛的分类任务中获得冠军。

卷积神经网络的发展历程屡次证明了增加网络的深度和宽度可以获得更好的效果，但后面的研究表明，较深网络的效果反而不如较浅网络，这种现象称为"退化"，如图 11-12 所示。

因此，何恺明等人引入了 shortcut connection（快捷连接），提出了残差块（如图 11-13 所示），将直接拟合出映射 $H(x)$ 改成拟合出恒等映射的残差映射 $F(x)$，即 $H(x)-x$，这种残差映射并不会给网络增加额外的计算负担，却可以大大加快模型的训练速度，改善模型的训练效果。

如图 11-14 所示，左边为 VGG19，中间为 34 层的原始网络模型，右边为 34 层的 ResNet（残差网络模型）。实验结果表明，右边的 ResNet 不仅没有出现退化现象，效果还优于左边的 VGG19，收敛速度也快于左边的 VGG19。

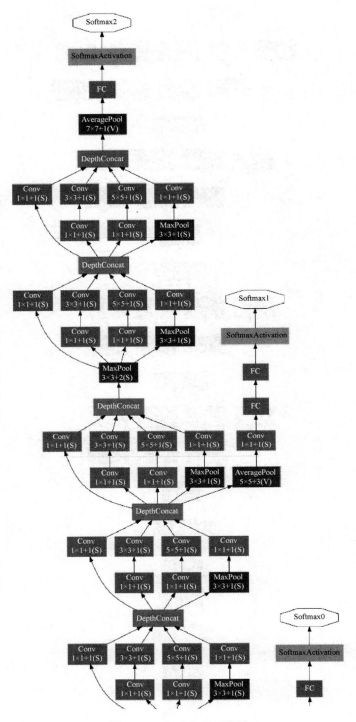

图 11-11　GoogLeNet 模型

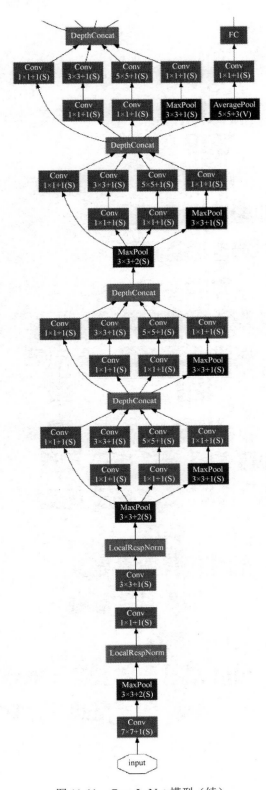

图 11-11　GoogLeNet 模型（续）

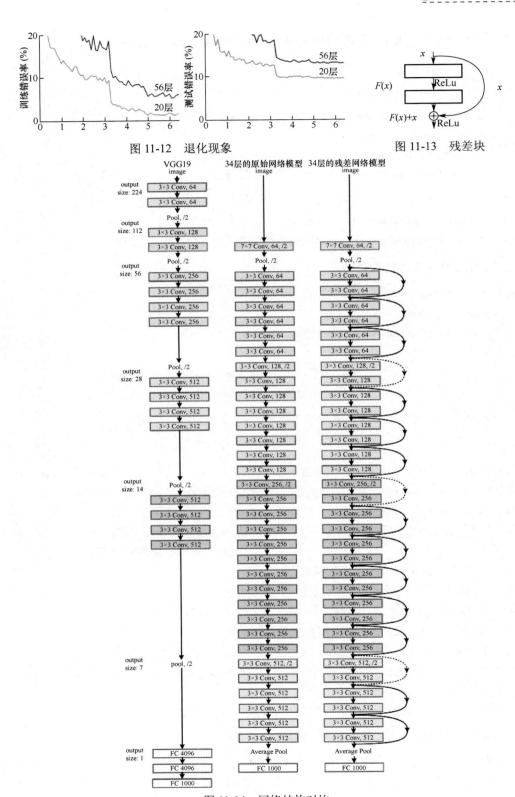

图 11-12　退化现象

图 11-13　残差块

图 11-14　网络结构对比

11.4.4 利用 PyTorch 构建卷积神经网络对 CIFAR-10 进行分类

1. 定义预处理参数

首先，定义预处理参数。

```
import torchvision.transforms as transforms
transform = transforms.Compose(
    [transforms.ToTensor(),
     transforms.Normalize((0.5, 0.5, 0.5), (0.5, 0.5, 0.5))])
```

（1）import 语句引入 torchvision.transforms 模块；

（2）torchvision.transforms.ToTensor()函数将图像转化为张量；

（3）torchvision.transforms.Normalize()函数将数据进行标准化处理。

2. 加载数据集并进行预处理

然后，加载训练集并进行预处理。

```
import torchvision
trainset = torchvision.datasets.CIFAR10(root='data/',
                                        train=True,
                                        download=True,
                                        transform=transform)

trainloader = torch.utils.data.DataLoader(trainset,
                                          batch_size=4,
                                          shuffle=True)
```

（1）import 语句引入 torchvison 模块；

（2）torchvision.datasets.CIFAR10()指定了加载的数据集 CIFAR-10；

（3）参数 root 指定数据集存放的位置；

（4）参数 train 指定在数据集下载完成后需要载入哪部分数据，若为 True，则说明载入的是该数据集的训练集部分，若为 False，则说明载入的是该数据集的测试集部分；

（4）条件 download=True 表示数据集需要下载；

（5）transform 指定导入的数据集要进行哪种预处理操作；

（6）torch.utils.data.DataLoader()表示提取数据并打包，进行训练和测试；

（7）batch_size 表示每个包中图像数据的个数；

（8）shuffle 决定是否将数据随机打乱，True 为是，False 为否。

以同样的方式加载测试集并进行预处理，得到 testloader。接着，定义标签库 classes，共10 个类别。

```
classes = ('plane', 'car', 'bird', 'cat', 'deer', 'dog', 'frog', 'horse', 'ship', 'truck')
```

3. 构建卷积神经网络（设定网络结构、模型参数）

整个网络的结构为：输入—卷积层（ReLU）—池化层（最大值池化）—卷积层—池化层（最大值池化）—全连接层（ReLU）—全连接层（ReLU）—全连接层（Softmax）—输出（10 个类别），具体操作如下：

```
import torch.nn as nn
import torch.nn.functional as F
class Net(nn.Module):
    def __init__(self):
        super(Net, self).__init__()
        self.conv1 = nn.Conv2d(3, 6, 5)
        self.pool = nn.MaxPool2d(2, 2)
        self.conv2 = nn.Conv2d(6, 16, 5)
        self.fc1 = nn.Linear(16 * 5 * 5, 120)
        self.fc2 = nn.Linear(120, 84)
        self.fc3 = nn.Linear(84, 10)
    def forward(self, x):
        x = self.pool(F.relu(self.conv1(x)))
        x = self.pool(F.relu(self.conv2(x)))
        x = x.view(-1, 16 * 5 * 5)
        x = F.relu(self.fc1(x))
        x = F.relu(self.fc2(x))
        x = self.fc3(x)
        return x
net = Net()
```

（1）两个 import 语句分别引入 torch.nn 和 torch.nn.functional 模块来构建网络；

（2）构建卷积层：nn.Conv2d(3, 6, 5)表示输入有 3 个通道（输入图像尺寸为 $3 \times 32 \times 32$），有 6 个尺寸为 5×5 的卷积核，所以输出有 6 个通道；

（3）构建池化层：nn.MaxPool2d(2, 2)表示采样窗口的尺寸为 2×2，步长为 2；

（4）构建全连接层：nn.Linear(16 * 5 * 5, 120)表示输入有 $16 \times 5 \times 5 = 400$ 个神经元，输出有 120 个神经元。

（5）定义 forward()函数：连接每一层，其中卷积层在与全连接层连接之前要先进行"平铺"，即 x.view(-1, 16 * 5 * 5)；

（6）F.relu 表示激活函数 ReLU。

4. 定义优化器和损失函数

对构建的网络，将随机梯度下降函数作为优化器，交叉熵函数作为损失函数。

```
import torch.optim as optim

criterion = nn.CrossEntropyLoss()
optimizer = optim.SGD(net.parameters(), lr=0.001, momentum=0.9)
```

（1）import 语句引入 torch.optim 模块；

（2）nn.CrossEntropyLoss()定义交叉熵函数；

（3）optim.SGD()定义随机梯度下降函数，其中 lr 为学习率参数，momentum 为动量参数。

5．使用训练集训练网络模型，并更新模型参数

对训练集 trainloader 进行 2 次训练，每训练 2000 个批次的图像数据后，显示目前的训练次数及损失，然后将损失更新为 0 继续训练。

```
epoch = 2
for epoch in range(Epoch):
    running_loss = 0.0
    for step, (b_x,b_y)in enumerate(trainloader):
        outputs = net(b_x)
        loss = criterion(outputs, b_y)
        optimizer.zero_grad()
        loss.backward()
        optimizer.step()
        running_loss += loss.item()
        if step % 2000 == 1999:
            print('[%d, %5d] loss: %.3f %
                    (epoch + 1, step + 1, running_loss / 2000))
            running_loss = 0.0
print('Finished Training')
```

（1）epoch 表示训练的次数；

（2）running_loss = 0.0 表示对损失赋初值 0；

（3）enumerate(trainloader)返回数据索引 step、数据和标签(b_x,b_y)；

（4）outputs = net(b_x)表示将数据 b_x 放入网络进行训练，得到预测值 outputs；

（5）loss = criterion(outputs, b_y)用于计算预测值与实际 label 之间的误差；

（6）optimizer.zero_grad()表示清空上一步的残余值，更新参数值；

（7）loss.backward()表示误差反向传播，计算参数更新值；

（8）optimizer.step()表示将参数更新值赋给网络的参数。

6．存储训练好的模型

定义存储的目标路径，使用 torch.save()函数进行存储。

```
model_path = 'cifar-10-cnn-model.pt'
torch.save(net.state_dict(), model_path)
print('Saved model parameters to disk.')
```

其中：net.state_dict()是一个状态字典，保存训练好了的模型状态。

7．加载训练好了的模型

模型训练完毕，开始测试，加载训练好了的模型。

```
net.load_state_dict(torch.load(model_path))
print('Loaded model parameters from disk.')
```

8. 使用测试集测试模型并评估模型的准确率

将测试集输入训练好的模型中进行预测，同时计算混淆矩阵。

```python
import numpy as np
testset = torchvision.datasets.CIFAR10(root='data/', train=False, download=True, transform=transform)
testloader =torch.utils.data.DataLoader(trainset, batch_size=4,shuffle=True)
total_correct = 0
total_images = 0
confusion_matrix = np.zeros([10,10], int)
with torch.no_grad():
    for data in testloader:
        images, labels = data
        outputs = net(images)
        _, predicted = torch.max(outputs.data, 1)
        total_images += labels.size(0)
        total_correct += (predicted == labels).sum().item()
        for i, l in enumerate(labels):
            confusion_matrix[l.item(), predicted[i].item()] += 1
model_accuracy = total_correct / total_images * 100
print('Model accuracy on {0} test images: {1:.2f}%'.format(total_images, model_accuracy))
```

（1）import 语句引入 numpy 模块，numpy 模块是 Python 的一个扩展程序库，支持大量的数组与矩阵运算，也针对数组运算提供了大量的数学函数库；

（2）with torch.no_grad()用于告诉 torch 下面的变量可以不需要计算梯度，节省计算时间和空间；

（3）torch.max(outputs.data,1)返回每一行中最大的那个元素及其列索引；

（4）confusion_matrix[l.item(), predicted[i].item()] += 1 用于计算混淆矩阵，行表示真实标签，列表示预测标签。

9. 分析预测结果

显示混淆矩阵，输出每个标签对应的准确率。

```python
print('{0:10s} - {1}'.format('Category','Accuracy'))
for i, r in enumerate(confusion_matrix):
    print('{0:10s} - {1:.1f}'.format(classes[i], r[i]/np.sum(r)*100))

import matplotlib.pyplot as plt
fig, ax = plt.subplots(1,1,figsize=(8,6))
ax.matshow(confusion_matrix, aspect='auto', vmin=0, vmax=1000, cmap=plt.get_cmap('Blues'))
plt.ylabel('Actual Category')
plt.yticks(range(10), classes)
plt.xlabel('Predicted Category')
plt.xticks(range(10), classes)
plt.show()
```

（1）import 语句引入 matplotlib.pyplot 模块来显示图像；

（2）ax.matshow()用于显示混淆矩阵。

11.5　实施步骤

（1）参考 11.4.4 节的过程，利用 PyTorch 搭建简单的卷积神经网络实现图像分类，并测试分类结果；

（2）修改网络模型，进行新的训练，并测试分类结果；

（3）撰写实验报告。

第 12 章

运动目标检测

12.1 学习目的

（1）了解使用运动分割实现视频内运动目标检测的常用方法；
（2）掌握用背景差法、帧差法实现运动目标检测。
（3）掌握常用的运动目标检测评价指标的计算方法。

12.2 实践内容

（1）编程实现基于背景差法、帧差法的运动目标检测算法；
（2）计算运动目标检测结果的交并比（Intersection over Union，IoU）；
（3）计算运动目标检测算法的评价指标（检出率、漏检率、多检率）。

12.3 实验准备

进行运动目标检测实践所需的材料如表 12-1 所示。

表 12-1　进行运动目标检测实践所需的材料

准 备 材 料	数　　量
待预处理的视频/序列图像	1 个/1 批
真值框和目标框标注文件	2 个（xml 文件）
计算机	1 台

12.4 预备知识

　　运动目标检测是对视频中的具有运动属性的目标进行检测、分析的方法，相对一般图像的目标检测，增加了空间维度和时间维度的变化。用户可以利用空间连续性和时间序列关系进行运动目标检测。

12.4.1 常用的运动目标检测方法——背景差法

对固定场景下背景变动不大的视频，常用背景差法进行稳定、有效的运动目标检测。

1. 背景差法的基本原理

假设背景静止不变，只有目标运动，利用背景差进行运动目标检测的基本原理如下：

$$D_i(x,y) = |C_i(x,y) - B_i(x,y)| \tag{12-1}$$

式中，$D_i(x,y)$ 为背景差图像，$C_i(x,y)$ 为当前帧的原始图像，$B_i(x,y)$ 为背景图像。

图 12-1 给出了交通场景中的原始图像 $C_i(x,y)$、背景图像 $B_i(x,y)$ 及背景差图像 $D_i(x,y)$。

(a)原始图像   (b)背景图像   (c)背景差图像

图 12-1　背景差法示例

进行背景差计算后，可以获得前景图。为了进一步检测目标，需要对前景图进行二值化。通常采用式（12-2）进行二值化，其中，$BID_i(x,y)$ 为二值化后的前景，T 为阈值。

$$BID_i(x,y) = \begin{cases} 1, & |D_i(x,y)| > T \\ 0, & |D_i(x,y)| \leq T \end{cases} \tag{12-2}$$

2. 背景提取方法

背景差法的关键是提取背景图像，可通过人工拍摄一幅无运动目标的场景图像或拼接运动目标区域互不重叠的图像序列形成背景图像。但对大多数应用场景来说，很可能无法用以上两种简单的方法获取背景图像。更重要的是，如果无法实时获取到背景图像，那么难以让背景图像随环境光的变化而变化，从而导致背景差结果错误甚至不可用。为实现实时获取背景图像，需要保存当前图像和当前背景，使用包含少量必要参数的迭代方法。常用的迭代方法有中值滤波法、均值法、滑动平均背景学习法、Surendra 自适应算法和高斯模型法等。

1）中值滤波法

对交通顺畅时的视频来说，假定在训练期间，在超过一半的时间里背景可被观察到，则可使用中值滤波法对视频图像序列中某个像素点的灰度值进行排序，将处于中间位置的灰度值作为该点的背景灰度值。即

$$B_i(x,y) = \text{median}(I_i(x,y)) \quad i \in [t-L+1, t] \tag{12-3}$$

式中，$I_i(x,y)$ 表示 i 时刻某像素点的灰度值，$B_i(x,y)$ 表示采用中值滤波法计算得到的背景灰度值，median 为中值函数。

当满足"在超过一半的时间里背景可被观察到"条件时，这一方法获取到的背景图像最准确，但当无法满足这个条件时，这一方法获取到的背景图像是不好的。另外，中值滤波法为非线性滤波方法，需要保存一定帧的图像，并对其进行排序，这一要求对实时性是一大挑战。

2）均值法

均值法是背景建模方法中较简单的建模方法，即对一段视频连续采集 N 帧图像并将其存储起来，再对这 N 帧图像中对应像素点的灰度值求均值，将均值图像作为下一帧图像的背景图像。

$$B_i(x,y) = \frac{1}{N} \sum_{i=t-N+1}^{t} I_{i-1}(x,y) \tag{12-4}$$

当图像序列中的背景成分足够多时，运动区域产生的"影"（即运动目标残留）将变得不明显。这一方法需要保存一定帧的图像进行均值计算，为提高实时性，均值法有其递增形式：

$$B_{i+1}(x,y) = \frac{n-1}{n} B_i(x,y) + \frac{1}{n} I_i(x,y) \tag{12-5}$$

式中，$I_i(x,y)$ 是当前图像，$B_i(x,y)$ 是背景图像，$B_{i+1}(x,y)$ 是进一步学习的参考背景图像。这个递增方法节省了运算时间及内存单元，又能得到相同的背景效果。

3）滑动平均背景学习法

均值法的递增形式在指定均值数 n 后，就成了滑动平均背景学习法。其具体形式为

$$B_{i+1}(x,y) = (1-\alpha)B_i(x,y) + \alpha I_i(x,y) \tag{12-6}$$

式中，α 为背景学习因子。

滑动平均背景学习法以其运算速度快且占用内存少的优点被广泛采用。在实际使用中，α 可为 0.01、0.1、0.15 等常数。当 α 过大时，学习快而不稳定，容易产生"影"；当 α 过小时，学习慢但稳定，存在初始帧中的运动前景难以消散的问题。

4）Surendra 自适应算法

由于滑动平均背景学习法会对运行区域进行学习，产生不易消散的"影"现象。为了解决这个问题，Surendra 结合帧差法提出了一种自适应算法，称为 Surendra 自适应算法，其思想是对运行区域尽可能不学习或少学习，对背景区域进行实时学习、更新，其关键的处理步骤如下。

（1）求取运动区域模板 BW_i：当帧差大于一定的阈值 T 时，判定为运动区域，这里 T 为帧差图灰度直方图最大峰值右侧 10% 处的对应灰度值。

$$\mathrm{BW}_i(x,y) = \begin{cases} 1, & \mathrm{abs}(I_i(x,y) - I_{i-1}(x,y)) \geqslant T \\ 0, & \mathrm{abs}(I_i(x,y) - I_{i-1}(x,y)) < T \end{cases} \tag{12-7}$$

（2）对运动区域不更新，沿用之前的背景；对背景区域进行学习、更新。

$$B_{i+1}(x,y) = \begin{cases} B_i(x,y), & \mathrm{BW}_i(x,y) = 1 \\ (1-\alpha)B_i(x,y) + \alpha I_i(x,y), & \mathrm{BW}_i(x,y) = 0 \end{cases} \tag{12-8}$$

这样的自适应算法过分依赖运动分割的准确性，分割方法不当时，易将运动的像素点误认成背景而产生较大的背景误差。

5）高斯模型法

高斯模型法分为单高斯模型法和混合高斯模型法两种。

单高斯模型法将图像灰度值视为前景高斯分布和背景高斯分布的混合。对第 i 个高斯模型，图像每个像素点的灰度值 $I_i(x,y)$ 满足 $I_i(x,y) \sim N(\mu_i,\delta_i)$，其中 μ_i 为灰度值的均值，δ_i 为

灰度值的标准差，对某 $I_i(x, y)$，其概率为

$$P(I_i) = \frac{1}{\sqrt{2\pi}\delta_i} \exp\left[-\frac{(I_i - \mu_i)^2}{2\delta_i^2}\right] \tag{12-9}$$

对前景像素点与背景像素点的判断，可通过阈值 Thre 得出：

$$I_i(x, y) = \begin{cases} \text{背景像素点，} & P(I_i) > \text{Thre} \\ \text{前景像素点，} & P(I_i) \leqslant \text{Thre} \end{cases} \tag{12-10}$$

混合高斯模型法把图像的灰度值视为 K 个单高斯模型的叠加，给每个单独的单高斯模型赋予不同的权重，代表不同的优先级，K 一般取 3～5。混合高斯模型法可以解决单高斯模型法对复杂场景更新滞后的问题。

高斯模型法适用于户外树枝晃动、水面波动等复杂场景，方法相对复杂，需要保存多个高斯模型参数，运算量很大。

12.4.2 常用的运动目标检测方法——帧差法

帧差法将邻近帧图像相减，滤除图像中的静止景物，得到运动区域，其计算简单，对环境的光线变化不敏感并可快速检测出运动目标，但对运动目标速度的适应性有限。如果目标速度太慢，会产生不完整的"空洞"现象；如果目标速度太快，又易产生"拖尾"现象，这之后的补偿处理比较复杂。

1．两帧差法

两帧差法是最简单的帧差法，其实现方式是，对前后两帧图像进行差分得到两帧差图像（如图 12-2 所示），比较所有像素的灰度差（灰度值之间的差）绝对值和阈值，若灰度差绝对值超过这个阈值，则得到一个像素集，即运动区域。对运动区域进行连通性分析，得到一个连通的目标区域。

(a)前帧图像　　　　　　　　　　(b)后帧图像　　　　　　　　　　(c)两帧差图像

图 12-2　两帧差法示例

（1）假定 $P(x, y)$ 表示第 n 帧图像和第 $n-1$ 帧图像的同一像素点的灰度差绝对值，若第 n 帧图像的像素点 (x, y) 的灰度值用 $f_n(x, y)$ 表示，第 $n-1$ 帧图像的像素点 (x, y) 的灰度值用 $f_{n-1}(x, y)$ 表示，则

$$P(x, y) = \left| f_n(x, y) - f_{n-1}(x, y) \right| \tag{12-11}$$

（2）假定判断运动区域的阈值为 T，判定结果是一个二值图像。设 $\text{BW}(x, y)$ 为所得的二值图像，则

$$\text{BW}(x, y) = \begin{cases} 1, & P(x, y) > T \\ 0, & P(x, y) \leqslant T \end{cases} \tag{12-12}$$

2．三帧差法

三帧差法是基于两帧差法的检测方法，其原理是将相邻的三帧图像前后相减，经过像两帧差法一样的处理后，再将得到的两个两帧差图像做"与"运算，最后得到运动目标轮廓。

（1）若第 $n+1$ 帧图像的像素点(x,y)的灰度值用 $f_{n+1}(x,y)$表示，第 n 帧图像的像素点(x,y)的灰度值用 $f_n(x,y)$表示，第 $n-1$ 帧图像的像素点(x,y)的灰度值用 $f_{n-1}(x,y)$表示，则

$$P(x,y) = \left| f_{n+1}(x,y) - f_n(x,y) \right| \cap \left| f_n(x,y) - f_{n-1}(x,y) \right| \tag{12-13}$$

（2）假定判断运动区域的阈值为 T，判定结果是一个二值图像。设 $\mathrm{BW}(x,y)$ 为所得的二值图像，则

$$\mathrm{BW}(x,y) = \begin{cases} 1 , & P(x,y) > T \\ 0 , & P(x,y) \leqslant T \end{cases} \tag{12-14}$$

三帧差法的阈值设定与两帧差法相似。帧差法在阈值设定时很难确定最佳阈值，这往往也最容易影响结果的准确性。如果阈值设置得太大，那么就可能把运动目标也去掉了，但是如果阈值设置得过小，图像噪声就会偏多，影响结果。有些学者就帧差法的阈值设定进行了研究，提出了自适应的阈值方法：在 T 后面加一个自适应项 A，如 $T' = T + A$，该方法既能很好地抑制噪声，又能很好地检测出运动目标的轮廓。

12.4.3　运动目标检测的优化策略——形态学处理

1．图像形态学处理简介

形态学图像处理的数学基础和所用的语言是集合论。数字形态学中的集合表示图像中的对象。例如，在二值图像中，所有白色像素的集合是该图像的一个完整的形态学描述。形态学处理为图像处理问题提供了一种有效的方法。

形态学处理通过各种结构元素（Structuring Element，SE）对图像进行处理。结构元素的形状可以根据处理任务设计，不过通常要求结构元素是矩形阵列，且结构为对称结构，原点在对称中心，以便简化计算过程。图 12-3 给出了一些常见的结构元素，其中第一行是原始结构元素，第二行是转换为矩形阵列的结构元素，黑点是结构元素的原点。

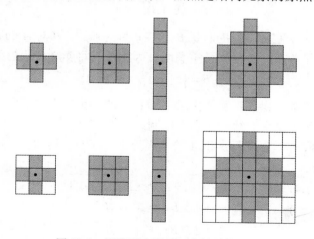

图 12-3　图像形态学处理中的结构元素

2. 腐蚀与膨胀

腐蚀与膨胀是图像形态学处理的基本操作，许多其他形态学算法都是以这两个操作为基础的。

对 z^2 中的集合 A 和 B，假定 A 为原始图像，B 是一个结构元素，B 对 A 的腐蚀表示为 $A \ominus B$，定义式为

$$A \ominus B = \left\{ z \mid (B)_z \subseteq A \right\} \tag{12-15}$$

表面上，该式指出 B 对 A 的腐蚀是"将 B 平移 z 后仍属于 A 的"所有位移 z 的集合。因为 B 必须包含在 A 中，这一陈述等价于 B 不与背景共享任何公共元素，因此可以将腐蚀表达为如下等价形式：

$$A \ominus B = \left\{ z \mid (B)_z \cap A^c \subseteq \varnothing \right\} \tag{12-16}$$

其中，A^c 是 A 的补集，$\varnothing$ 是空集。

如图 12-4 所示，结构元素在图像中滑动，当其原点超过移动界限时，结构元素不再完全包含于原图像中，于是构成了结构元素对图像的腐蚀。从视觉上看，腐蚀运算的结果就像图像中的前景收缩了一样。

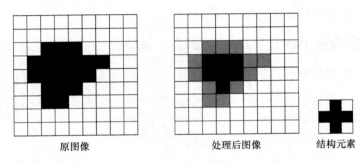

原图像   处理后图像   结构元素

图 12-4 腐蚀过程

对 z^2 中的集合 A 和 B，假定 A 为原始图像，B 是一个结构元素，B 对 A 的膨胀表示为 $A \oplus B$，定义式为

$$A \oplus B = \left\{ z \mid (\hat{B})_z \cap A \neq \varnothing \right\} \tag{12-17}$$

这个公式是以 B 关于它的原点的映像 $\hat{B}$ 平移 z 为基础的。B 对 A 的膨胀是所有位移 z 的集合，这样，$\hat{B}$ 和 A 至少有一个元素是重叠的。因此可以将膨胀表达为如下等价形式：

$$A \oplus B = \left\{ z \mid (\hat{B})_z \cap A^c \subseteq A \right\} \tag{12-18}$$

腐蚀是一种收缩或细化操作，膨胀则会"增长"或"粗化"二值图像中的物体，这种特殊的方式和粗化的宽度由所用的结构元素来控制。如图 12-5 所示，结构元素在图像中滑动，当其原点超过移动界限时，会导致 $\hat{B}$ 和 A 的交集为空。因此，该边界上和边界内所有的点就构成了 B 对 A 的膨胀。

膨胀和腐蚀关于集合的求补运算和反射运算是对偶的，即

$$(A \ominus B)^c = A^c \oplus \hat{B} \tag{12-19}$$

$$(A \oplus B)^c = A^c \ominus \hat{B} \tag{12-20}$$

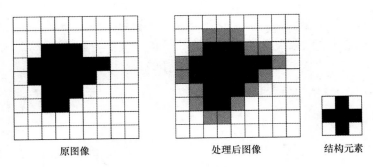

图 12-5　膨胀过程

3. 开运算与闭运算

在图像形态学处理中，还有另外两个重要的形态学操作：开运算和闭运算。开运算一般会平滑物体的轮廓，断开较窄的桥接并消除细的突出物。闭操作同样会平滑轮廓的一部分，但与开运算相反，它通常会补合较窄的间断和细长的沟壑，消除小的孔洞，填补轮廓线中的断裂。

开运算：对图像 A 用同一结构元素 B 先腐蚀再膨胀，记为 $A \circ B = (A \ominus B) \oplus B$。开运算的操作过程如图 12-6 所示，从视觉上看，仿佛将原本连接的物体"分开"了一样。

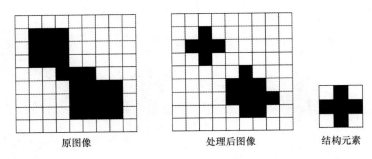

图 12-6　开运算的操作过程

闭运算：对图像 A 用同一结构元素 B 先膨胀再腐蚀，记为 $A \bullet B = (A \oplus B) \ominus B$。闭运算的操作过程如图 12-7 所示，从视觉上看，仿佛将原本分开的物体"补合"了一样。

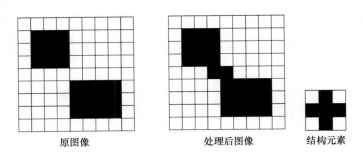

图 12-7　闭运算的操作过程

开运算有一个简单的几何解释，如图 12-8 所示。假设我们把结构元素 B 视为一个（扁平的）"转球"。那么 $A \circ B$ 的边界由 B 中的点建立，即当 B 在 A 的边界内侧滚动时，B 所能到达

的 A 的边界的最远点的集合。开运算的这种几何特性被总结为一个集合论公式，该公式表明 B 对 A 的开运算是通过"拟合到 A 的 B 的所有位置的并集"得到的，即

$$A \circ B = \bigcup \{(B)_z \mid (B)_z \subseteq A\} \tag{12-21}$$

式中，$\bigcup\{\bullet\}$ 表示大括号中所有集合的并集。

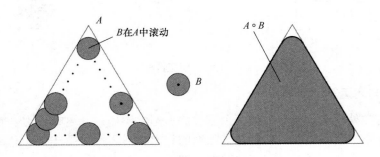

图 12-8　开运算的几何解释

而闭运算也有类似的几何解释，如图 12-9 所示，将闭运算视为结构元素 B 在 A 的外侧滚动。从几何上说，当且仅当对包含 w 的 $(B)_z$ 进行的任何平移，都有 $(B)_z \cap A \neq \varnothing$ 时，点 w 才是 $A \bullet B$ 的一个元素。

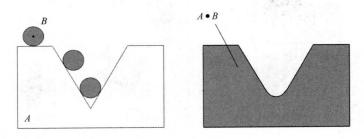

图 12-9　闭运算的几何解释

使用以上基本的图像形态学运算对已经得到的前景图像进行处理，可以得到如图 12-10 所示的结果，该案例的具体过程为，先使用大小为 4×4 的矩形核对图像进行闭运算，再利用大小为 16×16 的矩形核对图像进行腐蚀。

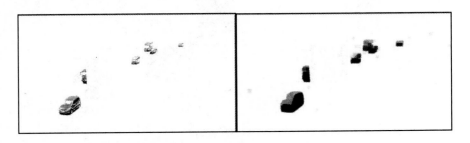

图 12-10　图像形态学处理结果对比

12.4.4　运动目标检测的评价指标 1——IoU

1．IoU 的概念

IoU 是指目标所在的真实框（Ground Truth）与算法预测的目标框（Bounding Box）的交集与并集的比值，如式（12-22）及图 12-11 所示。

$$IoU = \frac{S(\text{Ground Truth} \cap \text{Bounding Box})}{S(\text{Ground Truth} \cup \text{Bounding Box})} \tag{12-22}$$

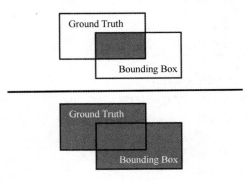

图 12-11　IoU 示意图

常用 IoU 阈值来判定预测的 Bounding Box 是否有效，一般会将阈值设定为 0.5，当 IoU 大于等于 0.5 时，我们会把预测的 Bounding Box 归为正类（Positives），而当 IoU 小于 0.5 时，将其归为负类（Negatives）。

2．IoU 的计算方法

在目标检测中，需要通过编程实现自动计算 Bounding Box 与 Ground Truth 的 IoU，Bounding Box 是通过(x, y, w, h) 4 个信息进行描述的（如图 12-12 所示），通过该信息可以计算 IoU。

对 Ground Truth$\left(x_0, y_0, w_0, h_0\right)$和 Bounding Box$\left(x_1, y_1, w_1, h_1\right)$，有

$$\text{intersection\_w} = w_0 + w_1 - \max\left(\left(x_0 + w_0\right), \left(x_1 + w_1\right)\right) + \min\left(x_0, x_1\right)$$
$$\text{intersection\_h} = h_0 + h_1 - \max\left(\left(y_0 + h_0\right), \left(y_1 + h_1\right)\right) + \min\left(y_0, y_1\right)$$
$$\text{intersection} = \text{intersection\_w} \times \text{intersection\_h} \tag{12-23}$$
$$\text{union} = w_0 \times h_0 + w_1 \times h_1 - \text{intersection}$$
$$IoU = \frac{\text{intersection}}{\text{union}}$$

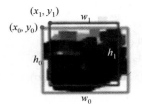

图 12-12　目标检测示例

3．IoU 计算示例

计算 IoU 的示例代码如下，该示例使用 Python 编程，Ground Truth 及 Bounding Box 为 xml 文件。

```
import cv2
import numpy as np
IoU = 0
MAXIoU = 0
sum = 0
k=0
#输入两个矩形框信息，计算 IoU
def compute_iou(rec1, rec2):
    S_rec1 = (rec1[2]-rec1[0])*(rec1[3]-rec1[1])
    S_rec2 = (rec2[2]-rec2[0])*(rec2[3]-rec2[1])
    sum_area = S_rec1 + S_rec2
    left_line = max(rec1[1], rec2[1])
    right_line = min(rec1[3], rec2[3])
    top_line = max(rec1[0], rec2[0])
    bottom_line = min(rec1[2], rec2[2])
    if left_line >= right_line or top_line >= bottom_line:
        return 0
    else:
        intersect = (right_line-left_line)*(bottom_line-top_line)
        return (intersect/(sum_area-intersect))
for i in range(100):
    #findContours 函数标注矩形框
    img = cv2.imread('F:/output4/'+str(i+1)+'.jpg')
    ret,thresh =
cv2.threshold(cv2.cvtColor(img,cv2.COLOR_BGR2GRAY),254,255,cv2.THRESH_BINARY_INV)
    image, contours, hierarchy =
cv2.findContours(thresh,cv2.RETR_EXTERNAL,cv2.CHAIN_APPROX_NONE)
    #ElementTree 函数读取 xml 标注文件
    xml_file = 'F:/input/Annotations/'+str(i+1)+'.xml'
    tree = ET.parse(xml_file)
    root = tree.getroot()
    #对 xml 文件中标注的每一个矩形框，寻找 findContours 中最匹配的矩形框，计算 IoU
    for object in root.findall('object'):
        object_name = object.find('name').text
        a1 = int(object.find('bndbox').find('xmin').text)
        b1 = int(object.find('bndbox').find('ymin').text)
        a2 = int(object.find('bndbox').find('xmax').text)
        b2 = int(object.find('bndbox').find('ymax').text)
        Xmin = a1
        Xmax = a1+a2
        Ymin = b1
```

```
        Ymax = b1+b2
        for c in contours:
            x,y,w,h = cv2.boundingRect(c)
            xmin = x
            ymin = y
            xmax = x+w
            ymax = y+h
            rect1 = (Xmin,Ymin,Xmax,Ymax)
            rect2 = (xmin,ymin,xmax,ymax)
            iou = compute_iou(rect1, rect2)
            if iou > MAXIoU:
                MAXIoU = iou
        IoU = IoU + MAXIoU
        sum = sum+1
        if MAXIoU > 0.8:
            k = k+1
    print("标注车辆数:" , sum)
    print("IoU:" , IoU/sum)
```

其中，xml 文件中的 Bounding Box 标注如下。

左上角 *x* 坐标：xmin；左上角 *y* 坐标：ymin；矩形框宽度：xmax；矩形框高度：ymax。

```
    <bndbox>
            <xmin>1460</xmin>
            <ymin>138</ymin>
            <xmax>48</xmax>
            <ymax>50</ymax>
    </bndbox>
```

12.4.5　运动目标检测的评价指标 2——检出率、漏检率和多检率

1．二分类概念

如图 12-13 所示，在经典的图像二分类问题中，将在目标检测与分类后计算 IoU，并利用 IoU 阈值将所有的目标分为 4 类：正类判定为正类（True Positives，TP），负类判定为正类（False Positives，FP），正类判定为负类（False Negatives，FN），负类判定为负类（True Negatives，TN）。

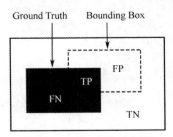

图 12-13　二分类示意图

二分类问题中的常用评价指标包括准确率（Accuracy）、精确率（Precision）及召回率（Recall）。准确率（Accuracy）等于分对的样本数除以所有的样本数，即

$$\text{Accuracy} = \frac{\text{TP} + \text{TN}}{\text{TP} + \text{FP} + \text{TN} + \text{FN}} \tag{12-24}$$

准确率一般用来评估模型的全局准确程度，不包含太多信息，无法全面评价一个模型的性能。

精确率（Precision）为在识别出来的图像中，TP 所占的比例，即

$$\text{Precision} = \frac{\text{TP}}{\text{TP} + \text{FP}} \tag{12-25}$$

召回率（Recall）是测试集中所有正样本样例中被正确识别为正样本的比例，即

$$\text{Recall} = \frac{\text{TP}}{\text{TP} + \text{FN}} \tag{12-26}$$

一个比较好的检测结果应该有如下表现：在召回率增长的同时，精确率保持在一个很高的水平。

2. 运动目标检测的评价指标

考虑到运动目标检测与二分类问题不完全相似，不存在准确的 TN 值，因此采用检出率、漏检率和多检率进行最终的评价。

检出率为所有正确检测出的目标数量与所有真值目标数量的比值：

$$\text{检出率} = \frac{\text{TP}}{\text{TP} + \text{FN}} \tag{12-27}$$

漏检率为所有未检测出真值的目标数量与所有真值目标数量的比值：

$$\text{漏检率} = \frac{\text{FN}}{\text{TP} + \text{FN}} \tag{12-28}$$

多检率为所有检测错误的目标数量与所有检测的目标数量的比值：

$$\text{多检率} = \frac{\text{FP}}{\text{TP} + \text{FP}} \tag{12-29}$$

3. 多检与漏检

在用背景差与帧差法检测运动目标的过程中，容易因噪声出现多检情况，如图 12-14 所示。同时由于小目标的粘连，容易出现漏检情况，如图 12-15 所示。

图 12-14　多检示例（深色框为 Ground Truth，浅色框为 Bounding Box）

在多检和漏检情况较为严重时，可尝试采取以下措施进行调整：

（1）对 Bounding Box 的大小设置阈值，筛去过小的目标；

（2）调整二值化阈值，尽量保留完整且不多余的目标；

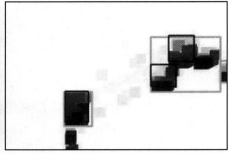

图 12-15　漏检示例（深色框为 Ground Truth，浅色框为 Bounding Box）

（3）当出现大目标多检严重时，调整图像形态学处理方法，使用开运算将分离的部分补合为一个整体；

（4）当出现小目标粘连严重时，调整图像形态学处理方法，使用闭运算将粘连的目标分离。

12.4.6　运动目标检测算法流程示例

以背景差法检测为例，图 12-16 为运动目标检测算法流程图。

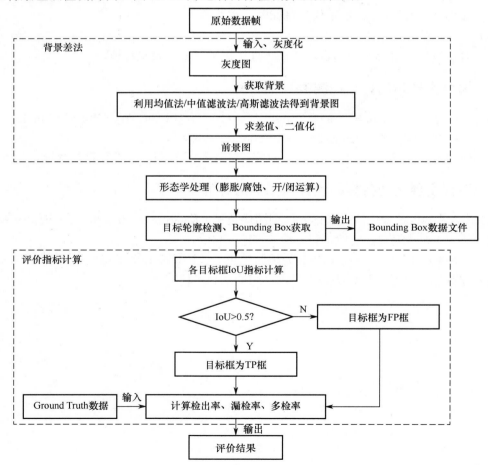

图 12-16　运动目标检测算法流程图

12.5 实施步骤

12.5.1 编程实现背景差法

（1）读入视频文件（或者批量读入序列图像数据）；

（2）应用式（12-3）～式（12-6）之一实现对视频的背景图像提取，保存图像；

（3）应用式（12-1）实现背景差分，并将差分结果二值化后进行必要的形态学处理（如膨胀、腐蚀等），尽量保障目标的完整性；

（4）记录二值化阈值 T；

（5）对检测到的目标，画出目标的最小外接矩形，并记录坐标值。

12.5.2 编程实现帧差法

（1）读入视频文件（或者批量读入序列图像数据）；

（2）应用式（12-11）或式（12-3）实现帧差法，并将差分结果二值化后进行必要的形态学处理（如膨胀、腐蚀等），尽量保障目标的完整性；

（3）记录二值化阈值 T；

（4）对检测到的目标，画出目标的最小外接矩形，并记录坐标值。

12.5.3 编程实现运动目标检测 IoU 的计算

（1）读入视频文件（或者批量读入序列图像数据）及 Ground Truth 和 Bounding Box 文件；

（2）按照视频帧数将 Ground Truth 与 Bounding Box 相对应；

（3）应用式（12-22）和式（12-23）计算各帧各目标的 IoU 并进行存储统计。

12.5.4 编程实现运动目标检测评价指标的计算

（1）读入视频文件（或者批量读入序列图像数据）及 Ground Truth 和 Bounding Box 文件；

（2）指定 IoU 阈值 T，将检测目标分为 TP 和 FP；

（3）应用式（12-27）～式（12-29）编写检出率、漏检率和多检率的计算代码；

（4）计算运动目标检测算法的检出率、漏检率和多检率。

## 第 13 章

目标检测与识别

13.1 学习目的

（1）了解目标检测与识别的基本原理；

（2）了解常见的目标检测与识别的深度神经网络结构；

（3）掌握典型的深度神经网络的搭建和使用。

13.2 实践内容

（1）利用 Python、OpenCV 搭建典型的深度神经网络；

（2）利用 Python 与开源库编写目标检测与识别系统；

（3）调试、分析、完善目标检测与识别系统。

13.3 准备材料

进行目标检测与识别实践所需的材料如表 13-1 所示。

表 13-1　进行目标检测与识别实践所需的材料

准 备 材 料	数 量
图像数据集	若干
参考代码	若干
计算机	1 台

13.4 预备知识

13.4.1 传统目标检测与识别算法

目标检测与识别是视频图像处理领域的研究热点，在视频监控、无人驾驶、医学图像分析等许多方面具有较高的应用价值。目标检测与识别通常分为图像采集、区域选择、特征提取、分类识别 4 个步骤（如图 13-1 所示）：首先利用摄像机采集图像，然后在图像上选择一些候选区域，在此基础上对这些区域进行特征提取，最后使用训练的分类器对图像进行分类识别。通常把确定目标区域、位置并根据某些形状外观特征与背景进行区分的工作归为检测，把能辨别出目标属于哪一类别（提取出特征属性并判别）的工作归为识别，二者使用的特征不一定相同。在传统算法中，目标检测在目标识别之前，被视为较低层的视觉处理任务。但随着技术的发展，检测与识别任务被逐渐合并在一起实现。

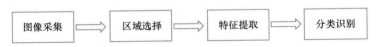

图 13-1　目标检测与识别的 4 个步骤

13.4.2　滑动窗口（Sliding Window）法

滑动窗口法就是将不同大小、不同比例的框在一张图像上滑动以提取候选区域的一种方法。所谓候选区域，就是可能是目标的区域。以图 13-2 中的人脸检测任务为例，其目标是检测出图像中的人脸，步骤如下：给出候选区域（可能是人脸的区域），判断该区域是否为人脸。

图 13-2　人脸检测任务图像

由于目标可能出现在图像的任何位置，其大小、长宽比例无法确定，滑动窗口法使用不同尺度、不同长宽比的窗口对整幅图像进行遍历，如图 13-3 所示。通过滑动窗口法提取出来的部分候选区域如图 13-4 所示。这种穷举的策略虽然包含了目标所有可能出现的位置，但是缺点也是显而易见的：时间复杂度太高，产生的冗余窗口太多。这将严重影响后续特征提取和分类的速度和性能。

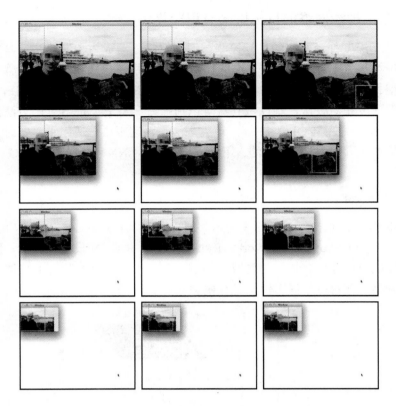

图 13-3　滑动窗口法示意图（每行的窗口尺寸不同）

图 13-4　通过滑动窗口法提取出来的部分候选区域

13.4.3　基于深度神经网络的目标检测与识别算法

近年来，基于深度神经网络的目标检测与识别算法逐渐成为主流算法，其实现方式大致可分为两类：一类是 Two-Stage 方法，即将物体定位和物体识别分为两个步骤，分别完成，这类方法的典型代表是 R-CNN、Fast R-CNN、Faster R-CNN 等。它们的识别错误率低，漏识别率也较低，但速度相对较慢，难以做到实时识别；另一类是 One-Stage 方法，典型代表是 YOLO、SSD、YOLO v2、YOLO v3 等。该类方法识别速度快，适用于对实时性要求高的任务，其准确率基本接近 Two-Stage 方法。下面以 Faster R-CNN、SSD 及 YOLO v3 为例，分别介绍这两类方法。

1．Faster R-CNN

Faster R-CNN 的整体结构如图 13-5 所示。从图中可以看出，Faster R-CNN 由两部分组成：区域候选网络（Region Proposal Network，RPN）及 Fast R-CNN 模型。其中，区域候选网络从一幅图像中提取出可能含有物体的区域，之后接一个 Fast R-CNN 模型对提取出来的候选区域进行详细的分类，并对每个候选位置进行微调。

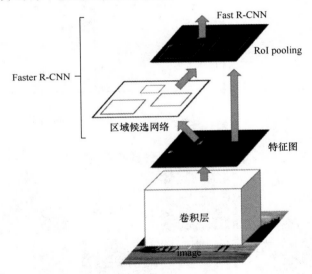

图 13-5　Faster R-CNN 的整体结构

1）区域候选网络

在 Faster R-CNN 之前，目标检测算法首先利用方向、纹理、颜色及边缘等低级特征提取出大量的候选区域，之后利用神经网络提取候选区域的特征并使用 SVM（支持向量机）或一些其他的机器学习算法对候选区域所提取的特征进行分类及位置的微调。这种算法有一个非常大的弊端，就是提取的候选区域坐标是固定不变的，神经网络的结构不是端到端的，因此神经网络无法根据梯度对候选位置的提取进行调整。如果候选区域提取得很差，那么后面的算法无法实现高精度的目标检测，候选区域提取算法成为目标检测算法进步的重大瓶颈。

Faster R-CNN 为了解决这个问题，使用神经网络提取候选区域，并实现区域候选网络中卷积层的参数与 Fast R-CNN 参数共享，真正实现了端到端的网络。区域候选网络首先以在

ImageNet 上预训练的 VGG 或 ResNet 等作为特征提取网络，从输入图像中提取高维特征图。
图 13-6 展示了提取高维特征图之后，区域候选网络预测候选区域的过程。

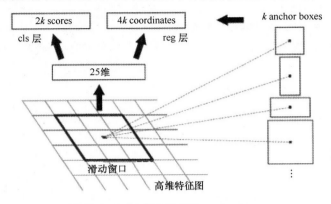

图 13-6　区域候选网络及 anchor boxes

2）Fast R-CNN

Faster R-CNN 中的图像经区域候选网络后，可以得到每个 anchor box（锚点）包含物体的置信度及微调后的 4 个坐标，之后利用置信度及非极大值抑制（Non-Maximum Suppression，NMS）对生成的候选区域进行筛选，将质量好的候选区域输入 Fast R-CNN 模型中进行分类。

Fast R-CNN 模型和区域候选网络类似，但候选区域有大有小，而使用神经网络进行分类时对输入图像大小有要求，因此 Fast R-CNN 模型在高维特征图上使用 RoI pooling 将特征图转换为固定尺寸，之后与区域候选网络相同，使用全连接层对候选区域进行分类及位置的微调，如图 13-7 所示。

在图 13-7 中，如果候选区域在特征图上的尺寸为 9×9，而卷积神经网络需要尺寸为 3×3 的特征图，则 RoI pooling 将候选区域三等分，在每个小块内进行最大值或平均值池化后，生成尺寸为 3×3 的特征图。

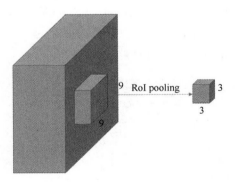

图 13-7　RoI pooling 示意图

2. SSD

SSD 算法是一种直接预测目标位置和类别的多目标检测与识别算法，SSD 网络结构如图 13-8 所示。针对不同尺寸的目标检测，传统的做法是先将图像转换成不同尺寸的图像（图像金字塔），然后分别检测，最后将结果综合起来。而 SSD 算法则利用不同卷积层的特征图进行综合，也达到了同样的效果。SSD 算法的网络结构基于 VGG16，但将其最后两个全连接层改成了卷积层，并增加了 4 个卷积层。该算法对 5 种不同尺度的特征图输出，分别用两个不同的 3×3 的卷积核进行卷积，一个是输出分类用的置信度卷积核，每个默认框（default box）生成不同类别的置信度；另一个是输出回归用的位置卷积核，每个生成 4 个坐标值 (x, y, w, h)。此外，这 5 个特征图还会经过 Prior Box 层生成先验框 prior box（生成的是坐标）。上述 5 个特征图中每一层的默认框的数量是给定的（8732 个）。最后将前面 3 个计算结果分别合并，然后传给 loss 层（计算损失）。

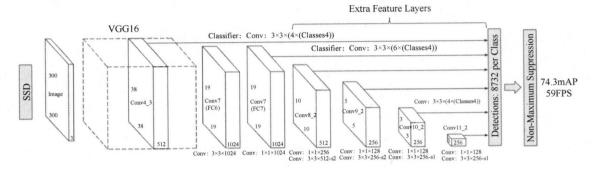

图 13-8   SSD 网络结构

模型总的损失函数是定位损失 L_{loc} 与类别置信度损失 L_{conf} 的加权和：

$$L(x, c, l, g) = \frac{1}{N}\left(L_{\text{conf}}(x, c) + \gamma L_{\text{loc}}(x, l, g)\right) \tag{13-1}$$

式中，N 为先验框中的正样本数量，c 为类别置信度的预测值，l 为先验框对应的边界框的位置预测值，g 是真实的位置参数，γ 为权重参数。

类别置信度损失 L_{conf} 采用典型的 Softmax 交叉熵计算：

$$L_{\text{conf}}(x, c) = -\sum_{i \in \text{Pos}}^{N} x_{i,j}^p \log \hat{c}_i^p - \sum_{i \in \text{Neg}}^{N} \log \hat{c}_i^0, \quad \hat{c}_i^p = \frac{\exp(c_i^p)}{\sum_p \exp(c_i^p)} \tag{13-2}$$

式中，$x_{i,j}^p$ 表示第 i 个先验框是否与第 j 个 Ground Truth 相匹配（匹配为 1，否则为 0），Ground Truth 的类别是 p。

定位损失 L_{loc} 采用 $\text{smooth}_{\text{L1}}$ 损失函数计算：

$$L_{\text{loc}}(x, l, g) = \sum_{i \in \text{Pos}}^{N} \sum_{m \in \{x, y, w, h\}} x_{i,j}^k \text{smooth}_{\text{L1}}(l_i^m - \hat{g}_j^m) \tag{13-3}$$

其中

$$\text{smooth}_{\text{L1}}(x) = \begin{cases} 0.5x^2, & |x| < 1 \\ |x| - 0.5, & \text{其他} \end{cases}$$

3. YOLO v3

由于 Faster R-CNN 采用 Two-Stage 方法，处理速度达不到实时要求，YOLO v3 提供了另一种思路，采用 One-Stage 方法直接在输出层计算矩形框的位置和矩形框所属的类别，其网络结构如图 13-9 所示。

YOLO v3 使用 darknet-53 的前 52 层，是一个全卷积神经网络，大量使用了残差的跳层连接，并且为了降低池化带来的梯度负面影响，取消了池化层，用卷积里的 stride（步长）来实现下采样。而为了提高对小目标的检测精确度，采用了类似金字塔网络（Feature Pyramid Networks，FPN）的上采样和特征融合的方法，在 3 个不同尺度的特征图上做检测，分别位于 82、94、106 层，输出 N 个结构，其中 N=网格数×B（B 为一个网格中能预测的矩形框数目），网格数在 3 个不同层分别为 13×13（如图 13-10 所示），26×26，52×52。每个结构中有 3 类成员，分别是矩形框位置(x, y, w, h)、置信度、类别，共有 5+C 维，C 为类别数。

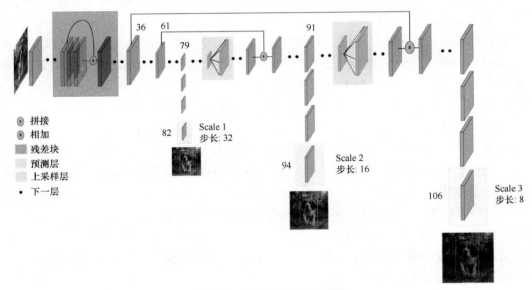

图 13-9　YOLO v3 网络结构

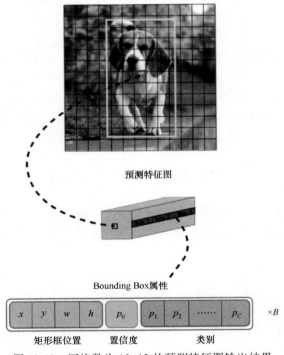

图 13-10　网格数为 13×13 的预测特征图输出结果

可以看出，网络共进行了 3 次检测，分别是 32 倍下采样、16 倍下采样、8 倍下采样，这样，在多尺度特征图上的检测与 SSD 算法类似。在 3 次检测中，每次检测的感受野（卷积神经网络每一层输出的特征图上的像素点在原始图像上映射的区域大小）不同，32 倍下采样的感受野最大，适合检测大目标，而 8 倍下采样的感受野最小，适合检测小目标。当输入图像的尺寸为 416×416 时，实际共有 52×52+26×26+13×13×3=10647 个候选区域，然后进一步使用目标置信度阈值及 NMS 方法来缩减候选区域的数量。

值得注意的是，在网络中使用上采样的原因是，网络越深，特征表达的效果越好，比如在进行 16 倍下采样检测时，如果直接使用上一次下采样的特征来检测，就使用了浅层特征，这样的效果一般不好。但使用 32 倍下采样后的特征时，深层特征的特征图太小，因此 YOLO v3 使用了步长为 2 的上采样，把 32 倍下采样得到的特征图的大小增大了一倍，也就变成了 16 倍下采样后的维度。

步长为 2 的上采样可以使用深层特征进行检测。上采样将提取深层特征，提取后的特征维度需要与将要融合的特征层一致。85 层对 13×13×256 的特征图进行上采样，得到 26×26×256 的特征图，再将其与 61 层的特征图拼接起来，得到 26×26×768 的特征图。为得到 255 通道，还需要进行一系列 3×3、1×1 的卷积操作，这样既可以提高非线性程度、增强泛化性能、提高网络精度，又能减少参数、提高实时性。

YOLO v3 的模型损失函数为 3 类成员的加权和，其中矩形框位置用均方误差（MSE）计算，后两者用交叉熵计算。

$$\text{loss=bbox loss + objectness loss + class loss}$$

其中：

$$\text{bbox loss}=\sum_{0}^{N}1^{obj}\times[(bx-lx)^2+(by-ly)^2+(bw-lw)^2+(bh-lh)^2] \tag{13-4}$$

式中，N=网格数×B，bx、by 是预测的 x,y 坐标，bw、bh 是预测的宽度和高度，lx、ly、lw、lh 是 Ground Truth 的 x,y 坐标、宽度和高度，1^{obj} 代表该网格是否有目标（若有，则为 1，若没有，则为 0）。

$$\text{objectness loss}=\sum_{0}^{N}m\times\text{KL}\left(p_0,q_0\right) \tag{13-5}$$

式中，p_0,q_0 分别为 Ground Truth 和预测输出的概率，objectness loss 为二者的交叉熵，KL（Kullback-Leibler divergence）表示 KL 散度，m 为 mask，正样本恒为 1，负样本依条件为 0 或 1。

$$\text{class loss}=\sum_{0}^{N}1^{obj}\times\sum_{c=0}^{C}\text{KL}\left(p(c),q(c)\right) \tag{13-6}$$

式中，C 为类别数，$p(c)$、$q(c)$ 分别为各类的 Ground Truth 和预测输出的概率。

13.5 实施步骤

13.5.1 训练集准备

（1）根据本书配套资源中的说明，下载"KITTI-yoloz-tiny-master.zip"工具包；

（2）根据本书配套资源中的说明，下载训练集（图像）和 5MB 的标签文件（data_object_label_2.zip）；

（3）训练集中包括 Car、Truck、Van 等类，我们只识别 Car 类，对训练集标签进行合并和删除（使用工具 modify_annotations_txt.py）；

（4）整理训练集文件，使用工具 random_split_train_val.py，按照以下步骤进行操作。

下载 KITTI 对象检测数据集：images and labels，将它们放在$SQDT_ROOT/data/KITT1/下，解压它们，然后获得目录：$SQDT_ROOT/data/KITT1/training/ 和 $SQOT_ROOT/data/KITT1/testing/。

将训练数据分为训练集和验证集，代码如下：

```
cd $SQDT_ROOT/data/KITT1/
mkdir Imagesets
cd ./ImageSets
ls ../training/image_2/ | grep '.png' | sed s/.png// > trainval.txt
```

trainval.txt 中包含训练数据中所有图像的索引。在实验中，将 trainval.txt 中的一半索引随机分为 train.txt，以形成训练集，然后将剩余的部分作为 val.txt，以形成验证集。为了方便，编写一个脚本，用于设置自动拆分训练数据的速度。加载此脚本：

```
cd $SQDT_ROOT/data/
python random_split_train_val.py
```

在$SQDT_ROOT/data/KITTI/ImageSets 下获得 train.txt 和 val.txt。完成上述两个步骤后，$SQDT_ROOT/data/KITT1/的结构如下：

```
$SQDT_ROOT/data/KITT1/
| ->training/
|      | -> image_2/00****.png
|      L -> label_2/00****.txt
| ->testing/
|      L -> image_2/00****.png
L ->Imagesets/
| -> trainval.txt
| -> train. txt
L -> val.txt
```

（5）然后将 trainval.txt 重命名为 train.txt，复制到 KITTI 训练集下，即放在与 training 和 testing 平行的位置。

13.5.2　将 KITTI 格式转化为 VOC 格式

由于 YOLO 算法训练模型时只接受 VOC 格式的文件，因此需要对训练集进行格式转化。

（1）根据本书配套资源中的说明，下载格式转化工具"vod-converter-master.zip"；

（2）执行命令，转化格式（使用工具 main.py）：

  python vod_converter/main.py --from kitti --from-path data/KITTI --to voc --to-path data/kitti-voc

（3）检查训练集格式，在图 13-11 所示的文件夹中，查看成功转化后的训练集格式。

图 13-11　检查训练集格式

这时，在/kitti-voc/VOC2012/ImageSets/Main 下会生成一个 trainval.txt 文件，将前面生成的 train.txt 和 val.txt 文件都放到此处，并将 val.txt 改成 test.txt，将目录中的 VOC2012 改成 VOC2007。

此时的目录结构如下：

```
$ROOT/VOC/VOC2007/
                | -> Annotations/
                |        -> 000000.xml…
                | -> JPEGImages/
                |        -> 000000.png…
                L->ImageSets/
-> Main/ ->test.txt
->train.txt
->traival.txt
```

13.5.3　利用 PyTorch 搭建一个基于 YOLO v3 的目标检测与识别网络

（1）将准备好的数据集 VOC2007 放在 darknet 工程中：

  darknet/data/kitti/VOCdevkit/VOC2007

（2）修改 kitti_label.py 文件，以适应数据集，使用工具 kitti_label.py，该工具的作用如下：

● 修改 sets；

● 修改 classes；

  sets = [('2007', 'train'), ('2007', 'test')]

  classes = ['car']

● 将 jpg 格式转化为 png 格式；

```
for image_id in image_ids:
    list_file.write('%s/VOCdevkit/VOC%s/JPEGImages/%s.png\n'
                    %(wd, year,image_id))
```

```
convert_annotation(year,image_id)
listfile.close()
```

运行 voc_label.py，在当前目录下会生成两个文件：2007_train.txt 和 2007_test.txt，里面是文件路径，同时在 VOCdevkit/VOC2007/目录下面还会生成一个 labels/目录，用于存放对应图像的标签文件（txt 文件），如图 13-12 所示。

图 13-12　生成文件

（3）修改 src/data.c 文件。将 fill_truth_region 函数里面的 find_replace(labelpath, ".jpg", ".txt")中的 jpg 换成.png：

```
find_replace(labelpath, '.png', '.txt', labelpath);
```

（4）修改 yolov2-tiny-kitti.cfg，使用工具 yolov2-tiny-kitti.cfg，该工具的作用如下：

- 注释 testing，取消注释 training；
- 修改 classes=1，邻近的 filters=num*(1+1+4)=30；
- 输入图像尺寸（KITTI 训练集的图像尺寸是 1224×370），cfg 文件中的 width 和 height 必须能够被 32 整除，但是 416>370，所以选择 352×352。

为 KITTI 训练集重新生成 anchors，修改 cfg 中的 anchors，YOLO v2 中的参数是相对原图像的宽和高的比例，不是实际的像素数，一共生成 5 组，每组包含一个 width 和一个 height（使用工具 gen_anchors.py）。

```
('Centroids = ', array([[0.24122432, 0.501627495],
                        [0.06174735, 0.13250842],
                        [0.11499587, 0.20623033],
                        [0.14701017, 0.39198479],
                        [0.03087168, 0.07618869]]))

(5, 2)
('Anchors = ', array([[0.3395885, 0.83807564],
                      [0.67922088, 1.45759263],
                      [1.26495455, 2.26853363],
                      [1.61711185, 4.31183265],
                      [2.6534675, 5.51790747]]))

()
('centroids.shape', (5, 2))
```

（5）创建 kitti.data、kitti.names（只保留 Car）：

```
classes = 1
```

```
train = /home/zhangshanshan/darknet/data/kitti/2007_train.txt
valid = /home/zhangshanshan/darknet/data/kitti/2007_test.txt
names = /home/zhangshanshan/darknet/data/kitti.names
backup = /home/zhangshanshan/darknet/backup
```

（6）重新编译 darknet：

```
make clean
make
```

（7）开始训练：

```
./darknet detector train cfg/kitti.data cfg/yolov2-tiny-kitti.cfg yolov2-tiny-kitti.weights
```

（8）输出可视化：

- 首先保存 log 信息，在上述的训练命令后面加上：

```
| tee yolov2-tiny.log
```

- 提取 log 信息（使用工具 .extract_log.py）；
- 求损失值（使用工具 .train_loss_visualization.py）；
- 求 IoU（使用工具 .train_iou_visualization.py）。

（9）调试、分析、完善目标检测与识别系统，记录实验中训练参数的值。

13.5.4　利用已有网络模型及参数实现在线交通目标的检测与识别

（1）根据本书配套资源中的说明，下载工具"PyTorch-YOLOv3-kitti-master.zip"。

打开后，PyTorch-YOLOv3-kitti-master 目录下有如图 13-13 所示的文件。

📁 assets	first commit
📁 checkpoints	first commit
📁 config	first commit
📁 data	readme edit
📁 label_transform	readme edit
📁 output	readme edit
📁 utils	readme edit
📁 weights	tiny yolov3 bug fixed
📄 README.md	readme add some info
📄 detect.py	readme edit
📄 models.py	add pretrained darknet53.conv.74 supported
📄 requirements.txt	first commit
📄 test.py	readme edit
📄 train.py	testing while traing
📄 video.py	readme add some info

图 13-13　PyTorch-YOLOv3-kitti-master

（2）根据本书配套资源中的说明，下载在 KITTI 上预训练好的权重数据，然后将其放到 weights 文件夹中，路径为 weights/yolov3-kitti.weights。

（3）打开 KITTI。

（4）将 kitti label 转换成 coco label（使用工具 kitti2coco-label-trans.py，使用之前需要设置数据集的绝对路径：kitti_img_path 和 kitti_label_ path）；kitti_label_tosave_path 将存储转换好的标签文件；label_transform/train.txt 是 KITTI 的训练集，将它放到 data/kitti 目录中。

（5）使用预训练好的模型在 images 上做预测，weights/yolov3-kitti.weights 是用训练集训练好的参数。

> pyhon3 detect.py --image_folder /data/samples

运行结果如图 13-14 所示。

图 13-14　运行结果

图 13-14 运行结果（续）

（6）目标检测，运行 detect.py 以检测目标，将样本放到 data/samples 下，默认的权重文件为 weights/ kitti.weights。

（7）加载视频，运行 video.py，在网络摄像机或视频文件中检测目标。

（8）测试，运行 test.py，观察运行结果。

（9）撰写实验报告。

## 第 14 章

运动目标跟踪

14.1 学习目的

（1）了解运动目标跟踪算法的基本原理；

（2）了解常用的运动目标跟踪算法并能够编程实现一种算法；

（3）熟悉运动目标跟踪算法的评测指标。

14.2 实践内容

（1）编程实现一种运动目标跟踪算法；

（2）对运动目标跟踪算法的评价指标进行计算。

14.3 准备材料

进行运动目标跟踪实践所需的材料如表 14-1 所示。

表 14-1　进行运动目标跟踪实践所需的材料

准 备 材 料	数 量
待预处理的视频/序列图像	1 个/1 批
真值框和目标框标准文件	2 个（xml 文件）
计算机	1 台

14.4 预备知识

14.4.1 运动目标跟踪算法

基于视频的运动目标跟踪是在是指视频图像中实时地发现并提取运动目标，不断地记录目标位置，并计算出这些运动目标的轨迹，为下一步目标识别、运动分析提供数据。

1. 运动目标跟踪算法综述

运动目标跟踪算法致力于在给定的视频图像中持续定位指定的目标，其分类如图 14-1 所示。

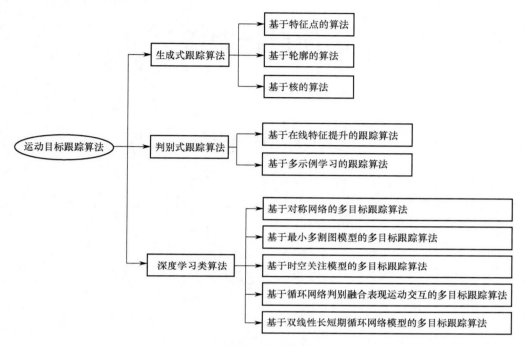

图 14-1　运动目标跟踪算法分类

生成式跟踪算法在目标检测的基础上，对前景目标进行表观建模，然后按照一定的跟踪策略，找到目标的当前最佳位置。生成式跟踪算法包括基于特征点的算法、基于轮廓的算法和基于核的算法。传统的目标跟踪算法基本都属于此类，如波门跟踪、基于光流特征的跟踪等。

判别式跟踪算法（目标跟踪与目标检测同时进行）的基本思路是将跟踪问题视为前景和背景的二分类问题，通过学习分类器，在当前帧搜索得到与背景最具区分度的前景区域。判别式跟踪算法包括基于在线特征提升的跟踪算法（OAB），基于多示例学习的跟踪算法（MIL）等。

近年来，随着深度学习的发展，深度学习类算法逐渐成为运动目标跟踪算法的主流，包括基于对称网络的多目标跟踪算法、基于最小多割图模型的多目标跟踪算法、基于时空关注模型的多目标跟踪算法、基于循环网络判别融合表现运动交互的多目标跟踪算法、基于双线性长短期循环网络模型的多目标跟踪算法等。相对于传统算法，深度学习类算法主要有以下优势：

（1）传统算法往往只着眼于对目标某一方面物理特性的刻画，而忽视了其他特性，而深度学习类算法在辅助训练数据的支撑下可以获取普适性更高的特征；

（2）传统算法所用的 HOG（Histogram of Oriented Gradient）特征几乎都只涉及底层特征，而深度学习类算法可以通过层级映射提取边缘、纹理等底层特征和抽象语义等高层特征。

2. 卡尔曼滤波器

在运动目标（如车辆）跟踪过程中，可以根据在当前帧中获取到的目标位置，利用卡尔曼滤波器对当前帧中目标的运动速度等进行估计，同时可以利用这个估计值对目标在下一帧中的位置做出预测。

卡尔曼滤波器首先建立系统信号和噪声的状态方程和观测方程。状态方程反映了状态的变化规律，而观测方程反映了实际观测量与状态变量之间的关系。

状态方程：

$$X_k = A_{k-1}X_{k-1} + w_k \qquad (14\text{-}1)$$

观测方程：

$$Z_k = H_kX_k + v_k \qquad (14\text{-}2)$$

式中，X_k 是 k 时刻的系统状态，Z_k 是 k 时刻的观测值，A_{k-1} 是从 $k-1$ 时刻到 k 时刻的状态转移矩阵，H_k 是观测矩阵，A_{k-1} 和 H_k 为状态转换过程中用来调整状态的系数（是可以事先设置的已知矩阵），w_k 是 k 时刻系统随机噪声向量，v_k 是观测噪声向量。一般认为，系统随机噪声和观测噪声都属于高斯白噪声，因此可以假设它们的概率密度函数是均值为零的高斯函数且相互独立。

在跟踪过程中，虽然目标的大小可能因其与镜头之间距离的变化而变化，但如果目标整体的形状稳定，则目标中心的运动轨迹与目标整体的运动轨迹是一致的。为了准确估计目标的位置和目标的运动速度，选用目标的中心作为特征点。目标的中心位置可以用向量表示，即 k 时刻的系统状态 X_k 可以用 (p_x, p_y, v_x, v_y) 表示，(p_x, p_y) 为中心在 x 轴和 y 轴上的位置，(v_x, v_y) 表示中心在 x 方向和 y 方向上的速度。在跟踪过程中，从图像上能直接观测到的量只有目标的位置，因此定义观测向量 $Z_k = (v_x, v_y)$。由于视频连续两帧之间的时间差很小，可以认为在连续两帧之间，目标的运动速度是不变的，因此状态转移矩阵 A 可以初始化为

$$A = \begin{bmatrix} 1 & 0 & T & 0 \\ 0 & 1 & 0 & T \\ 0 & 0 & 1 & 0 \\ 0 & 0 & 0 & 1 \end{bmatrix} \qquad (14\text{-}3)$$

式中，T 表示连续两帧之间的时间差。

根据状态方程和观测方程，观测矩阵 H 可以初始化为

$$H = \begin{bmatrix} 1 & 0 & 0 & 0 \\ 0 & 1 & 0 & 0 \end{bmatrix} \qquad (14\text{-}4)$$

由于系统随机噪声和观测噪声被假设为零均值的高斯白噪声，所以其协方差矩阵分别为

$$Q_k = \begin{bmatrix} 1 & 0 & 0 & 0 \\ 0 & 1 & 0 & 0 \\ 0 & 0 & 1 & 0 \\ 0 & 0 & 0 & 1 \end{bmatrix} \quad R_k = \begin{bmatrix} 1 & 0 \\ 0 & 1 \end{bmatrix} \qquad (14\text{-}5)$$

确定卡尔曼滤波器的状态方程和预测方程的初始化参数后，再利用卡尔曼滤波器的 5 个基本方程（读者自行学习）对目标进行跟踪。

Python 中包含实现卡尔曼滤波器的 pykalman 库，读者可以利用 pykalman 库方便、快捷地进行编程。

3. KCF 目标跟踪算法

核相关滤波（Kernel Correlation Filter，KCF）目标跟踪算法是一种相对较新的高速跟踪算法，它的核心思想是利用循环矩阵的特性对目标区域进行稠密采样，以得到完备的样本空间，并利用构造的样本来训练分类器，通过分类器的学习来完成对目标的跟踪。该算法有两个关键步骤：利用循环矩阵进行稠密采样（获取样本）和岭回归分类器的训练。

1）利用循环矩阵进行稠密采样

为了提高跟踪的准确性，KCF 目标跟踪算法巧妙地引入了循环矩阵的理论知识，利用基样本的循环移位达到稠密采样的目的。循环矩阵在二维图像下的示意图如图 14-2 所示。其中，图 14-2(c)为基样本，图 14-2(a)、(b)为将基样本分别向下移动 30、15 像素得到的图像，图 14-2(d)、(e)为将基样本分别向上移动 15、30 像素得到的图像。

(a)向下移动 30 像素　　　(b)向下移动 15 像素　　　(c)基样本

(d)向上移动 15 像素　　　(e)向上移动 30 像素

图 14-2　循环矩阵在二维图像下的示意图

假设 X 是一个由 $1 \times n$ 的向量通过循环移位得到的 $n \times n$ 的矩阵，即

$$X = \begin{bmatrix} x_1 & x_2 & \dots & x_n \\ x_n & x_1 & \dots & x_{n-1} \\ \vdots & \vdots & & \vdots \\ x_2 & x_3 & \dots & x_1 \end{bmatrix} \tag{14-6}$$

式中，矩阵 X 的第一行表示 $1 \times n$ 的向量，后面每增加一行，$1 \times n$ 向量的元素向右偏移一位，移动 n 次可得到矩阵 X。

循环矩阵的特点在于，对循环矩阵进行傅里叶变换后，其可以对角化，用公式表示为

$$X = F \operatorname{diag}(\hat{x}) F^{\mathrm{H}} \tag{14-7}$$

式中，F 是不依赖于 x 的常数矩阵，x 的傅里叶变换用 $\hat{x}$ 表示。

在循环矩阵对样本进行处理时，样本并不是真实存在的，存在的只是虚拟的样本，可以直接利用循环矩阵的特性，把样本矩阵转换为对角矩阵进行计算。而对对角矩阵来说，只需要计算其对角线上的非零元素即可，因此可以大幅度加快计算速度。

2）岭回归分类器的训练

在得到样本后，利用样本进行分类器训练，训练的过程可视为岭回归问题，目标是要找到一个函数 $f(x_i) = w^{\mathrm{T}} x_i$，使得损失函数最小，即

$$\min_{w} \sum_i \left(f(x_i) - y_i \right)^2 + \lambda \| w \|^2 \tag{14-8}$$

式中，$x_i (i = 1, \cdots, n)$ 为输入样本，λ 是用来防止过拟合的正则化参数，w 为需要求解的权重系数。求得一个封闭解

$$w = \left(X^{\mathrm{T}} X + \lambda I \right)^{-1} X^{\mathrm{T}} y \tag{14-9}$$

这里，矩阵 $X = [x_1, x_2, \cdots, x_n]^{\mathrm{T}}$ 为循环矩阵，y 为样本的标签。为解决非线性问题，KCF 目标跟踪算法引入了核函数，核函数 $k(x, z)$ 可表示为

$$k(x, z) = \varphi(x) \varphi(z) \tag{14-10}$$

式中，$\varphi(x)$ 和 $\varphi(z)$ 为将特征向量映射到核空间的函数。当使用核函数将样本特征向量 x 映射到特征空间 $\varphi(x)$ 时，系数 w 可由训练样本的线性组合表示

$$w = \sum_i \alpha_i \varphi(x_i) \tag{14-11}$$

此时，最初的岭回归问题可以表示为

$$f(x) = \sum_i \alpha_i k(x, x_i) \tag{14-12}$$

由式（14-9）和式（14-11）联合求得

$$\alpha = (K + \lambda I)^{-1} y \tag{14-13}$$

式中，K 为经过映射变换的核函数矩阵，$K_{ij} = k(x_i, x_j)$，I 为单位矩阵。

由此可以推导出将 α 变换到傅里叶变换域后：

$$\hat{\alpha} = \frac{\hat{y}}{\hat{k}^{xx} + \lambda} \tag{14-14}$$

式中，$\hat{k}^{xx}$ 是由核函数矩阵 K 的第一行组成的向量，$\hat{k}^{xx}$ 为 k^{xx} 的傅里叶变换。

至此，岭回归分类器便训练完成了。在预测阶段，以视频前一帧目标位置为基样本进行循环采样，将得到的所有样本输入岭回归分类器中进行判断，得到目标在下一帧中可能出现的位置。其中，判断的方式为计算样本的响应值，最大的响应值即目标的预测位置。数学表达式为

$$y = F^{-1} \left(\hat{k}^{xz} \odot \hat{\alpha} \right) \tag{14-15}$$

式中，z 为候选目标的特征，y 则为计算得到的响应值。

在分类器定位到目标的位置后，把序列图像中运动目标的某些特征与相邻图像的这些特征进行匹配，将匹配的特征的中心位置连接起来，便可得到该运动目标的轨迹。

4．DeepSORT 算法

1）马氏距离度量

对已存在的目标利用卡尔曼滤波器进行运动预测得到结果 y_i，该结果与检测结果 d_j 之间的马氏距离如下：

$$d^{(1)}(i,j) = (d_j - y_i)^{\mathrm{T}} S_i^{-1} (d_j - y_i) \tag{14-16}$$

式中，d_j 为第 j 个检测框的位置（检测位置），y_i 为第 i 个跟踪器对目标的预测位置（跟踪位置），S_i 为检测位置与跟踪位置之间的协方差矩阵。

若某次检测的马氏距离小于指定的阈值 t，则该检测与运动预测关联成功：

$$b_{i,j}^{(1)} = 1\left[d^{(1)}(i,j) \leqslant t^{(1)} \right] \tag{14-17}$$

2）基于外观特征的余弦度量

用余弦度量的方式生成物体检测的外观特征向量可以产生聚类的效果，即同一个物体在不同的图像中生成的外观特征向量之间的余弦距离也是很小的。DeepSORT 算法运用该理论结果计算目标检测结果与目标运动预测结果之间的外观匹配度：

$$d^{(2)}(i,j) = \min\{ 1 - r_j^{\mathrm{T}} r_k^{(i)} \mid r_k^{(i)} \in R_i \} \tag{14-18}$$

式中，r_j 为当前帧第 j 个检测结果的特征向量，$r_k^{(i)}$ 为与第 i 个跟踪器成功关联的最近的 100 个特征集。

3）综合关联度量

最终的关联度量基于马氏距离度量与基于外观特征的余弦度量的加权结合：

$$c_{i,j} = \lambda d^{(1)}(i,j) + (1 - \lambda) d^{(2)}(i,j) \tag{14-19}$$

式中，λ 为加权系数，在摄像机运动的情况下可将 λ 置为零。

4）匹配过程

匹配算法采用匈牙利算法，其过程如下：

（1）令 C 矩阵存放所有跟踪器 i 与检测框 j 之间距离的计算结果，B 矩阵存放所有跟踪器 i 与检测框 j 之间是否关联的判断结果；

（2）初始化关联集合 M，初始化尚未进行物体检测的集合 U；

（3）循环遍历每个已经匹配成功的轨迹，选择满足条件的跟踪轨迹集合 T_n（使用级联匹配，首先保证对最近出现的目标赋予最大的优先权）；

（4）根据最小成本算法计算出 T_n 与检测框 j 关联成功产生的集合；

（5）更新 M 为匹配成功的集合，并去除 U 中已经匹配成功的元素；

（6）返回 M 和 U 两个集合，并重复以上步骤。

5）DeepSORT 算法跟踪效果

图 14-3 是 DeepSORT 算法的跟踪结果。每个跟踪到的目标有一个 ID，跟踪过程中，该 ID 应保持不变。如果 ID 发生变化，即 ID 跳变，说明算法认为跟踪了一个新的目标。

图 14-3　DeepSORT 算法的跟踪结果

14.4.2　运动目标跟踪数据集

MOT Challenge 数据集

MOT 是 Multiple Object Tracking 的缩写，而 MOT Challenge 是多目标跟踪方向一个很有影响力的比赛，从 2015 年至今，每年都有多篇参赛项目论文发表于著名的国际会议上，MOT Challenge 中各参赛项目的数据集公开、可用，可作为行人跟踪算法实践的数据集，它们都提供了训练分割的真值框，以及对训练分割和测试分割的检测。

以 MOT16 数据集为例，MOT16 数据集中共有 14 个视频，包括 7 个训练视频和 7 个测试视频，视频中包含了目标检测得到的框。每个子文件夹中有以下文件。

（1）seqinfo.ini：主要用于说明这个文件的一些信息，如视频时长、帧率、图像的长和宽、文件的后缀名。

（2）det.txt：存储了图像检测框的信息（检测得到的信息文件），格式如下。

<第几帧>, <-1>, <bb_left>, <bb_top>, <bb_width>, <bb_height>, <置信度>, <-1>, <-1>, <-1>

（3）gt.txt：只存在于 train 子文件夹中，不在 test 子文件夹中，文件中信息的格式如下。

<第几帧>, <轨迹 ID(-1)>, <bb_left>, <bb_top>, <bb_width>, <bb_height>,<目标轨迹是否进入考虑范围内的标志(0 表示忽略，1 表示 active)>, <轨迹对应的 label>, <目标可视率>

14.4.3　运动目标跟踪算法的评价准则与方法

我们对运动目标跟踪算法有 3 个要求: 准确度高、鲁棒性好、效率高。目前很少有算法能同时在这 3 点上表现优异。

准确度（Accuracy）：有 3 个指标可反映跟踪的准确度。如果一个算法的这 3 个指标较小，则其准确度较高。这 3 个指标如下。

（1）偏移（Deviation）：预测位置与实际位置的距离。

（2）误检率：将非目标物体视为目标物体的比例。

（3）漏检率：没有正确地识别出目标物体的比例。

鲁棒性（Robustness）：如果一个算法在一些视频上取得高准确度，但在另一些视频上表现很差，则其鲁棒性较差。一个有具有较好鲁棒性的跟踪算法应能在大多数测试视频上表现出较好的性能，即能应对复杂多样的场景。

效率（Effeciency）：运动目标跟踪是一个对实时性要求极高的研究领域，这是其与目标检测、识别的重要不同点。一个真正实用的跟踪算法必须能够实时运行。

对应于跟踪算法的总体性能要求，很多评价准则与方法被提出。

（1）中心误差（Center Location Error）：每一帧中跟踪器输出的矩形框中心位置与实际中心位置的欧氏距离的平均值即中心误差。中心误差越小，说明跟踪效果越好。

（2）FPS（Frames Per Second）：每秒处理的帧数，是一个用来衡量跟踪算法处理效率和速度的常用指标。

（3）MT（Most Tracked）：至少 80% 的帧被正确跟踪的目标数量。

（4）ML（Most Lost）：不到 20% 的帧被正确跟踪的目标数量。

（5）Fragments：至多覆盖真实轨迹 80% 的帧的片段数量（一段真实轨迹可能由多个跟踪片段共同组成）。

（6）FP：整个视频中的误检数量。

（7）FN：整个视频中的漏检数量。

（8）Frag：跟踪轨迹从"跟踪"到"不跟踪"状态的变化数量。

（9）IDSW：ID 跳变的总数。

（10）MOTA（Multiple Object Tracking Accuracy，多目标跟踪准确度）：

$$\text{MOTA} = 1 - \frac{\text{FN} + \text{FP} + \text{IDSW}}{\text{GT}} \tag{14-20}$$

式中，GT 是真值框的数量。注意，MOTA 可以是负数，因为算法可能会犯比真值框更多的错误。MOTA 用于检测跟踪的质量。

（11）MOTP（Multiple Object Tracking Precision，多目标跟踪精确度）：

$$\text{MOTP} = \frac{\sum_{t,i} d_{t,i}}{\sum_{t} c_{t}} \tag{14-21}$$

式中，c_t 表示 t 帧中被正确匹配的目标数量，$d_{t,i}$ 是对象 i 与其指定的真实对象 t 之间的 IoU。MOTP 更关注检测的质量。

（12）IDP（Identification Precision）：识别精确度，是指每个真值框中对目标 ID 识别的精确度。

$$\text{IDP} = \frac{\text{IDTP}}{\text{IDTP} + \text{IDFP}} \tag{14-22}$$

式中，IDTP、IDFP 分别代表真正 ID 数和假正 ID 数。

（13）IDR（Identification Recall）：识别召回率，是指每个真值框中对目标 ID 识别的召回率。

$$IDR = \frac{IDTP}{IDTP + IDFN} \tag{14-23}$$

式中，IDFN 是假负 ID 数。

（14）识别 F 值：每个真值框中对目标 ID 识别的 F 值。

$$\tag{14-24}$$

$$IDF1 = \frac{2}{\left(\dfrac{1}{IDP}\right) + \left(\dfrac{1}{IDR}\right)} = \frac{2IDTP}{2IDTP + IDFP + IDFN}$$

14.5　实施步骤（任意选择一个算法实现）

14.5.1　实现卡尔曼滤波器

（1）读入视频文件（或者批量读入序列图像数据）；

（2）应用背景差或者帧差法实现对视频的运动目标检测（见第 12 章，也可以应用其他特征提取方法，获得运动目标的初始位置和特征）；

（3）应用卡尔曼滤波器相关知识实现卡尔曼滤波器；

（4）记录每一帧中每个目标的质心坐标或外接矩形框的中心坐标；

（5）画出 3 个以上目标的轨迹线、中心误差曲线。

14.5.2　实现 DeepSORT 算法

（1）准备 DeepSORT 代码。

Tensorflow 版：根据本书配套资源中的说明，下载"deep-sort-master.zip"文件。

PyTorch 版：根据本书配套资源中的说明，下载"deep-sort-pytorch-master.zip"文件。

（2）在 MOT Challenge 网站上下载 MOT16 数据集。

（3）读入 MOT16 数据集。

（4）分别对每个视频序列实现 DeepSORT 算法。

（5）将 DeepSORT 算法在 MOT16 的每个视频序列上的跟踪结果保存为 txt 文件。

（6）用评估工具对结果进行指标计算.

MATLAB 版：根据本书配套资源中的说明，下载"motchallenge-devkit-master.zip"文件。

Python 版：根据本书配套资源中的说明，下载"py-motmetrics-develop.zip"文件。

（注：Python 版评估工具的评估结果不太准确，尽量使用 MATLAB 版）

（7）与 DeepSORT 论文（请读者自行查找）中的指标进行对比。

第 15 章

双目视觉测距

15.1　学习目的

（1）了解双目视觉的立体匹配和深度估计的原理和方法；
（2）掌握一种双目视觉测距算法的实现。

15.2　实践内容

（1）实现双目图像采集；
（2）对采集的双目图像进行标定；
（3）实现一种双目视觉测距算法。

15.3　准备材料

进行双目视觉测距实践所需的材料如表 15-1 所示。

表 15-1　进行双目视觉测距实践所需的材料

准 备 材 料	数　　量
Kinect for Windows	1 台
计算机	1 台
棋盘标定板	2 块

15.4　预备知识

　　双目立体视觉（Binocular Stereo Vision）是机器视觉的一种重要形式，它利用成像设备从不同位置获取的被测物体的两幅图像，通过计算图像对应点间的位置偏差来获取物体三维几何信息。

15.4.1　双目立体视觉的成像原理

双目立体视觉基于视差原理，如图 15-1 所示。基线距 B=两摄像机投影中心之间的距离，两摄像机在同一时刻拍摄空间物体的同一特征点 $P(x_c, y_c, z_c)$，分别在"左眼"和"右眼"上获取点 P 的图像，它在图像上的坐标分别为 $P_{\text{left}} = (X_{\text{left}}, Y_{\text{left}})$，$P_{\text{right}} = (X_{\text{right}}, Y_{\text{right}})$。

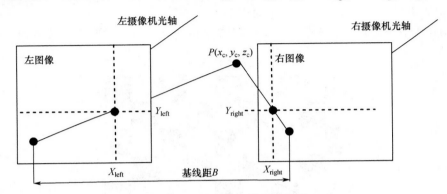

图 15-1　双目立体视觉的成像原理

两摄像机的图像在同一个平面上，则左、右图像中特征点 P 的 Y 坐标相同，即 $Y_{\text{left}} = Y_{\text{right}} = Y$，由三角几何关系得到

$$\begin{cases} X_{\text{left}} = f\dfrac{x_c}{z_c} \\[2mm] X_{\text{right}} = f\dfrac{(x_c - B)}{z_c} \\[2mm] Y = f\dfrac{y_c}{z_c} \end{cases} \tag{15-1}$$

式中，f 为焦距，则视差 $\text{Disparity} = X_{\text{left}} - X_{\text{right}}$。由此可计算出特征点 P 在摄像机坐标系下的三维坐标：

$$\begin{cases} x_c = \dfrac{B \cdot X_{\text{left}}}{\text{Disparity}} \\[2mm] y_c = \dfrac{B \cdot Y}{\text{Disparity}} \\[2mm] z_c = \dfrac{B \cdot f}{\text{Disparity}} \end{cases} \tag{15-2}$$

因此，对左图像上的任意点，只要能在右图像上找到对应的匹配点，就可以确定该点的三维坐标。这种方法是完全的点对点运算方法。

15.4.2　双目立体视觉的标定和矫正

1．双目立体视觉的标定

双目立体视觉系统的摄像机（简称双目摄像机）标定是指确定三维场景中的点在左、右图像平面上的坐标 $P_{\text{left}} = (X_{\text{left}}, Y_{\text{left}})$，$P_{\text{right}} = (X_{\text{right}}, Y_{\text{right}})$ 与其空间坐标 $P(x_c, y_c, z_c)$ 之间的映射

关系，是实现双目立体视觉三维模型重建中基本、关键的一步。

双目摄像机需要标定的参数包括摄像机的内参矩阵、畸变系数矩阵、本征矩阵、基础矩阵、旋转矩阵及平移矩阵，其中摄像机的内参矩阵和畸变系数矩阵可以通过单目标定的方法确定。双目摄像机标定和单目摄像机标定最主要的区别是双目摄像机需要标定出左、右摄像机坐标系之间的相对关系。

MATLAB 提供了标定工具箱，标定流程如下。

（1）制作棋盘标定板。标定板尺寸为 324×252mm，由 7 行 9 列 63 个边长为 36mm 的正方形格子组成，如图 15-2 所示。

图 15-2　棋盘标定板

（2）用水平平行的左、右摄像机同时采集标定板不同位姿的图像，共计 12 组（对采集的图像来说，位姿越多，标定结果越精确，建议采集 10 组到 20 组图像），如图 15-3、图 15-4 所示。

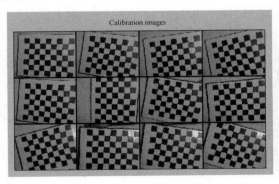

图 15-3　左摄像机的标定图像

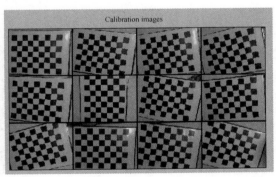

图 15-4　右摄像机的标定图像

（3）在标定工具箱中通过 Extract grid corners 提取每幅标定图像的特征点（即黑方格与白方格的交点）。

（4）进行单目标定，得到左、右摄像机的内参及畸变系数，并将参数保存到 Calib_Results_left 和 Calib_Results_right 两个 mat 格式的文件中。

（5）通过步骤（1）～（4），可以得到如图 15-5、图 15-6 所示的左、右摄像机的内参矩阵、畸变系数矩阵。

```
Calibration results (with uncertainties):

Focal Length:      fc = [ 854.32776   858.80255 ] ?[ 57.33772   57.84430 ]
Principal point:   cc = [ 291.15519   236.24060 ] ?[ 11.55439   6.83477 ]
Skew:         alpha_c = [ 0.00000 ] ?[ 0.00000 ]   => angle of pixel axes = 90.00000 ?0.00000 degrees
Distortion:        kc = [ 0.08416   -0.22269   -0.00136   0.00151   0.00000 ] ?[ 0.02747   0.14400   0.00226   0.00295   0.00000 ]
Pixel error:      err = [ 0.33151   0.28628 ]
```

图 15-5　左摄像机的内参矩阵和畸变系数矩阵

```
Calibration results (with uncertainties):

Focal Length:      fc = [ 821.71021   824.98870 ] ?[ 56.03100   56.06327 ]
Principal point:   cc = [ 311.14761   244.35410 ] ?[ 7.99593   6.84832 ]
Skew:         alpha_c = [ 0.00000 ] ?[ 0.00000 ]   => angle of pixel axes = 90.00000 ?0.00000 degrees
Distortion:        kc = [ 0.02792   0.04452   -0.00127   0.00276   0.00000 ] ?[ 0.03411   0.27056   0.00193   0.00244   0.00000 ]
Pixel error:      err = [ 0.31349   0.26350 ]
```

图 15-6　右摄像机的内参矩阵和畸变系数矩阵

2．旋转矩阵 R 和平移矩阵 T 说明

任意两个坐标系之间的相对位置关系都可以通过两个矩阵来描述：旋转矩阵 R 和平移矩阵 T。我们用旋转矩阵 R 和平移矩阵 T 来描述左、右两个摄像机坐标系的相对位置关系，然后将左摄像机坐标系下的坐标转换到右摄像机坐标系下。

假设空间中有一点 P，其在世界坐标系 {world} 下的位姿可表示为 P_W，其在左、右摄像机坐标系下的位姿可表示为

$$P_l = R_l P_W + T_l$$
$$P_r = R_r P_W + T_r \tag{15-3}$$

其中，P_l 和 P_r 又有如下关系：

$$P_r = R P_l + T \tag{15-4}$$

通常，在双目摄像机分析中往往以左摄像机坐标系为主坐标系，但是 R 和 T 是将左摄像机坐标系下的坐标转换到右摄像机坐标系下的矩阵，所以 T_r 中的元素均为负数。

综合式（15-3）和式（15-4），可以得到

$$R = R_r R_l^{\mathrm{T}}$$
$$T = T_r - R T_l \tag{15-5}$$

R_l、T_l 为左摄像机经过单目标定后得到的相对标定物的旋转矩阵和平移向量，R_r、T_r 为右摄像机经过单目标定后得到的相对标定物的旋转矩阵和平移向量。左、右摄像机分别进行单目标定，就可以分别得到 R_l、T_l、R_r、T_r，将它们代入式（15-5），就可以求出左、右摄像机坐标系之间的旋转矩阵 R 和平移矩阵 T，即标定要得到的结果。

3．本征矩阵 E

对极几何在双目问题中非常重要，可用于简化立体匹配等问题。而要应用对极几何去解决问题，如求极线，需要使用本征矩阵（或基础矩阵），因此在双目标定过程中也会把本征矩阵计算出来。本征矩阵是左、右图像坐标系 {picture} 相互转换的矩阵，可以描述左、右图像坐标系上对应点之间的关系。

假设空间中有一点 P，其在世界坐标系下的位姿为 P_w，在左、右摄像机坐标系下的位姿为 P_l 和 P_r，$T_r = \begin{bmatrix} T_x & T_y & T_z \end{bmatrix}^T$，则有

$$P_r = R(P_l - T_r) \tag{15-6}$$

T_r 和 P_l 组成的平面（即极面）可以用下式表示：

$$(P_l - T_r)^T (P_l \times T_r) = 0 \tag{15-7}$$

有

$$P_l \times T_r = SP_l \tag{15-8}$$

其中

$$S = \begin{bmatrix} 0 & -T_x & T_y \\ T_z & 0 & -T_x \\ -T_y & T_z & 0 \end{bmatrix}$$

综合式（15-7）和式（15-8）可得

$$P_r^T RS P_l = 0 \tag{15-9}$$

RS 即本征矩阵 E，利用投影方程可将上式简化为

$$P_r^T E P_l = 0 \tag{15-10}$$

式（15-10）描述了将同一物理点从左、右摄像机坐标系投影到左、右图像坐标系。

4. 基础矩阵 F

在双目系统中，人们常常只对像素坐标系{pixel}下的坐标感兴趣。给本征矩阵 E 加上摄像机内参矩阵 M 的相关信息，就可得到将同一物理点从左、右摄像机坐标系投影到像素坐标系的方程。

将式（15-10）结合 $P_{pix} = MP_p$，可得

$$P_{pixr}^T (M_r^{-1})^T E M_l^{-1} P_{pixl} = 0 \tag{15-11}$$

由此可将基础矩阵 F 定义为

$$F = (M_r^{-1})^T E M_l^{-1} \tag{15-12}$$

最终得到将同一物理点从左、右摄像机坐标系投影到像素坐标系的方程：

$$P_{pixr}^T F P_{pixl} = 0 \tag{15-13}$$

5. 畸变矫正

摄像机的畸变是由成像模型的不精确造成的。人们为了提高光通量，用透镜代替小孔来成像，由于这种代替不完全符合小孔成像的性质，因此产生了畸变。畸变可分为两大类，径向畸变和切向畸变。畸变矫正，即用以下公式对像素位置进行重新映射。

径向畸变可用下面的公式进行矫正：

$$\begin{aligned} x_{corrected} &= x(1 + k_1 r^2 + k_2 r^4 + k_3 r^6) \\ y_{corrected} &= y(1 + k_1 r^2 + k_2 r^4 + k_3 r^6) \end{aligned} \tag{15-14}$$

切向畸变是由于透镜与成像平面不严格平行造成的，可以用如下公式矫正：

$$x_{corrected} = x + [2p_1xy + p_2(r^2 + 2x^2)]$$
$$y_{corrected} = y + [2p_2xy + p_1(r^2 + 2x^2)]$$

（15-15）

式（15-14）、式（15-15）中，k_1, k_2, k_3, p_1, p_2 为标定时的 5 个畸变系数。

6．立体矫正

双目摄像机的主要任务是测距。视差求距离公式是在双目摄像机系统处于理想状态下推导出来的，但是在现实中的双目立体视觉系统中，是不存在共面行完全对准的两个摄像机平面的，所以要进行立体矫正。立体矫正的目的是把实际非共面行对准的两幅图像矫正成共面行对准的两幅图像，从而将实际的双目立体视觉系统矫正为理想的双目立体视觉系统。共面行对准即两摄像机平面在同一平面上，且将同一物理点投影到两个摄像机平面上时，它们应该位于两个像素坐标系的同一行。理想的双目立体视觉系统是指两摄像机平面平行，光轴和平面垂直，极点处于无限远处的系统，此时点 (x_0, y_0) 对应的极线就是 $y = y_0$。图 15-7、15-8 分别是立体矫正前后的示意图。

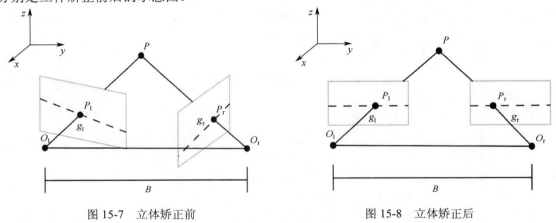

图 15-7 立体矫正前   图 15-8 立体矫正后

15.4.3 立体匹配算法

1．立体匹配的常用算法

立体匹配的目的是在两个物理点中匹配相应的像素点来计算视差，通过三维测量获得深度图。立体匹配实质上是一个最优化求解问题，可通过建立合理的能量代价函数，利用最优化法进行方程求解。

立体匹配由匹配基元、相似度测度函数和搜索策略组成，对每部分的选择不同，立体匹配的算法就会不同。匹配基元是指用于匹配的图像信息，基础单元是像素灰度值，匹配基元还可以是图像的相位、边缘和区域等；相似度测度函数是每次计算相似度的函数，如果选择不同的匹配基元，那么对相似度测度函数的选择也会不同；搜索策略是确定所述目标图像的搜索区域及如何搜索的策略。

匹配基元的选取方法如下。按照某方法从左、右两幅图像中提取特征，进而描述图像中部分像素点或者全部像素点的特征，然后利用这些特征对两幅图像进行像素点匹配。根据匹配基元的不同，立体匹配算法可分为 3 类，分别为基于特征的立体匹配算法、基于相位的立体匹配算法和基于区域的立体匹配算法。

基于特征的立体匹配算法的步骤如下。

（1）寻找特征（边缘、线、轮廓、兴趣点、角点和几何基元等）。

（2）提取图像的几何特征点，针对几何特征点进行视差估计，获得稀疏视差图。

（3）通过插值获得稠密视差图。

其特点是算法速度快，但是由于需要使用插值算法来计算缺失像素点的视差值，因此应用场景受限。

基于相位的立体匹配算法对带通滤波信号的相位信息进行处理，寻找局部相位相等的对应点。这种算法能抑制噪声与畸变，可以应用于红外图像等，但其依赖局部相位相等这一假定条件，并且受相位影响较大，变换速度慢，很难应用于实际场合。

基于区域的立体匹配算法在两幅图像给定区域内搜索中心点的最大相关值或最小偏差值，得到相对应的匹配点，以此获得稠密视差图。这种算法既能实现稠密匹配，又能缩小搜索范围、缩短运行时间。

常用的基于区域的立体匹配算法包括图像序列中对应像素差的绝对值（Sum of Absolute Differences，SAD）算法、图像序列中对应像素差的平方和（Sum of Squared Differences，SSD）算法、图像的相关性（Normalized Cross Correlation，NCC）算法等。

SAD 算法是一种简单的立体匹配算法，用公式表示如下：

$$SAD(u,v) = Sum\{|Left(u,v) - Right(u,v)|\}$$

基本流程如下。

● 第 1 步，构造一个窗口，类似卷积核。

● 第 2 步，用窗口覆盖左图像，选择窗口覆盖区域内的所有像素点。

● 第 3 步，用窗口覆盖右图像，选择窗口覆盖区域内的所有像素点。

● 第 4 步，用左覆盖区域减去右覆盖区域，并求出所有像素差的绝对值的和（SAD 值）。

● 第 5 步，移动右图像的窗口，重复第 3、4 步。

● 第 6 步，找到这个范围内使 SAD 值最小的窗口，即找到左图像的最佳匹配像素块。

SSD 算法与 SAD 算法类似，其公式如下（选择最大值）：

$$SSD(u,v) = Sum\{[Left(u,v) - Right(u,v)] \times [Left(u,v) - Right(u,v)]\}$$

NCC 算法的原理是计算两幅图像匹配区域的相关性，其计算公式如下（选择最大值）：

$$NCC(u,v) = [(w_l - w)/|w_l - w|] \times [(w_r - w)/|w_r - w|]$$

2. 立体匹配算法的性能评价

立体匹配算法的评价标准包括两部分，分别为均方根误差 R 与错误匹配率 B。R 和 B 的表达式如下：

$$R = (\frac{1}{N}\sum_{(x,y)}|d_c(x,y) - d_T(x,y)|^2)^{\frac{1}{2}} \tag{15-16}$$

$$B = \frac{1}{N}\sum_{(x,y)}(|d_c(x,y) - d_T(x,y)| > \delta_d) \tag{15-17}$$

式中，N 为图像的总像素数，$d_c(x,y)$ 为计算得到的视差图，$d_T(x,y)$ 为真实的视差图，δ_d 为视差误差的容差，通常为 1。可分别在非遮挡区域、所有区域和深度不连续区域通过均方根误差 R 和错误匹配率 B 衡量算法的优劣。

15.4.4　深度图计算

视差的单位是像素，深度的单位往往是毫米。而根据平行双目视觉的几何关系，可以得到视差与深度的转换公式：

$$\mathrm{depth} = \frac{f \times B}{\mathrm{Disparity}} \tag{15-18}$$

式中，f 表示归一化的焦距，也就是内参中的 f_x；B 为基线距，即两摄像机投影中心之间的距离。

15.4.5　双目视觉测距流程

双目视觉测距流程如图 15-9 所示，系统框架如图 15-10 所示。

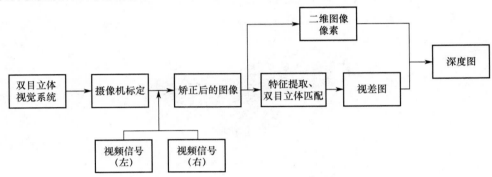

图 15-9　双目视觉测距流程

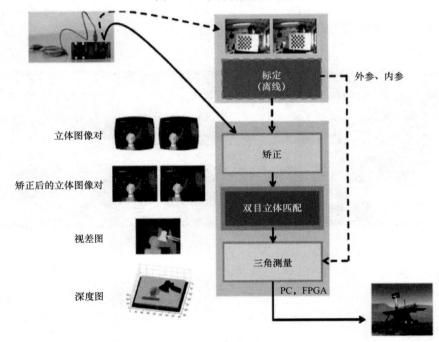

图 15-10　双目立体视觉系统框架

15.4.6　Kinect

1．Kinect 简介

Kinect for Xbox，简称 Kinect，是由微软开发，应用于 Xbox 主机的周边设备。它可以让用户无须手持或踩踏控制器，仅使用语音指令或手势来操作 Xbox 主机。它能捕捉用户全身上下的动作，用身体来进行游戏，带给用户"免控制器的游戏与娱乐体验"。2012 年 2 月 1 日，微软正式发布面向 Windows 系统的 Kinect 版本"Kinect for Windows"。

2．Kinect 硬件组成

Kinect 配置有 RGB 彩色摄像机和 3D 结构光深度传感器，如图 15-11 所示，中间的是 RGB 彩色摄影机，用来采集彩色图像，左、右两边的则为由红外线 CMOS 摄影机构成的 3D 结构光深度传感器，用来采集深度数据（场景中的物体到摄像机的距离）。

图 15-11　Kinect for Xbox

RGB 彩色摄影机最大支持 1280×960 的分辨率。Kinect 还搭配了追焦技术，底座马达会随着对焦物体的移动而转动。Kinect 内建了阵列式麦克风，由 4 个麦克风同时收音，比对后消除杂音，并通过其采集的声音进行语音识别和声源定位。

Kinect 测试图如图 15-12 所示。

图 15-12　Kinect 测试图

3．Kinect 应用

（1）虚拟应用：如 Kinect 试衣镜，基于 Kinect 体感技术的神奇的试衣镜，可以让客户快速试穿衣服，提高销售效率和企业形象。

（2）3D 建模：用两个 Kinect 实现 3D 摄像机的基本功能，如人体塑像，对人体进行 3D

建模，然后根据人体的 3D 信息，连接相应的塑模设备，塑造出人体塑像。

（3）机械控制：如用 Kinect 操控遥控直升机。

（4）虚拟娱乐：如用 Kinect 检测玩家的动作。

（5）计算机相关应用：如用 Kinect 操作浏览器，通过手势对浏览器进行翻页、下拉、缩放等操作。

（6）虚拟实验：如用 Kinect 绘图，通过手势控制图形，并使之具有物理特性。

此外，它还具有检测识别人的表情、利用骨架跟踪技术模仿人的动作、物体测距等功能。

15.5　实施步骤

15.5.1　双目图像获取

（1）连接、安装 Kinect for Windows；

（2）应用 Kinect for Windows 采集双目图像，保存图像并对比每组图像的差异；

（3）调节 Kinect for Windows 参数，再次采集双目图像并保存。

15.5.2　标定

（1）通过 Kinect for Windows 官方资料确定所用的双目摄像机的标定参数：

- 查看说明书或者菜单，掌握摄像机的内参，包括内部几何参数、光学参数等；
- 查找资料，掌握摄像机的外参：摄像机坐标系与世界坐标系之间的转换关系；
- 根据内参和外参，确定空间坐标系中的物理点与它在图像平面上的像素点之间的对应关系。

（2）通过自主获取左、右图像，利用棋盘标定板进行双目摄像机标定。

15.5.3　编程实现双目视觉测距算法

（1）读入 Kinect for Windows 获取的双目视频文件（或者批量读入序列图像数据）；

（2）确定双目摄像机的标定参数，包括摄像机的内参矩阵、畸变系数矩阵、本征矩阵、基础矩阵和转换矩阵。

（3）对双目图像进行预处理，包括图像增强、随机噪声去除、滤波等，参考第 8 章和第 9 章的内容。

（4）利用步骤（2）中获得的双目摄像机的标定参数，对左、右图像进行畸变矫正和立体矫正。

（5）利用 15.4.3 节中的立体匹配算法对双目图像进行立体匹配，获得视差图，并根据式（15-16）和式（15-17）计算均方根误差 R 与错误匹配率 B。

（6）获取深度图。通过立体匹配得到的视差图，利用式（15-18）计算对应像素的深度值，从而获取深度图。

## 第 16 章

图像无缝拼接

16.1　学习目的

（1）了解图像无缝拼接技术的原理及流程；

（2）掌握经典的图像无缝拼接算法。

16.2　实践内容

（1）了解要进行无缝拼接的图像的拍摄条件；

（2）编程实现经典的图像无缝拼接算法；

（3）对比不同的图像无缝拼接算法参数对拼接结果的影响。

16.3　准备材料

进行图像无缝拼接实践所需的材料如表 16-1 所示。

表 16-1　进行图像无缝拼接实践所需的材料

准 备 材 料	数　量
有部分区域重叠的多幅图像	3 组以上
计算机	1 台
手机/无人机	1 台/1 架

16.4　预备知识

16.4.1　图像拼接的基本原理

　　图像拼接就是将一系列针对同一场景的有重叠部分的图像拼接成整幅图像，使拼接后的图像最大程度地与原始场景接近，使图像失真尽可能小。

　　不同的图像拼接算法的步骤大致相同，主要包括 6 个步骤：图像输入、图像预处理、特征点提取、图像配准、图像变形和融合、图像输出，如图 16-1 所示。图像预处理是改善图像质量，提高特征匹配精度的有效方法，包括去噪，亮度、饱和度、对比度调整及统一坐标系等操作。特征点提取、图像配准及图像变形和融合是图像拼接技术的关键步骤。目前主流的特征点提取算法有 SIFT（Scale-Invariant Feature Transform，尺度不变特征变换）、SURF（Speeded Up Robust Feature，加速鲁棒性特征）、BRIEF（Binary Robust Independent Elementary Features，二元鲁棒性独立基本特征）和 ORB（Oriented FAST and Rotated BRIEF，采用 FAST 算法检测特征点，采用 BRIEF 算法计算特征点描述符）。Karami E 等人证明了传统的 SIFT 算法在大多数情况下表现最好，对图像的旋转、尺度变化、光照变化、噪声干扰和仿射变换等具有鲁棒性，值得使用。

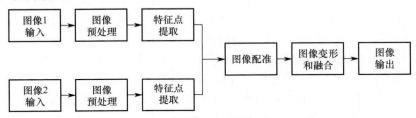

图 16-1　图像拼接流程图

图像拼接技术中的图像配准多是基于特征的，即根据特征找到两幅图像之间的空间变换关系，通过匹配邻接图像中的特征点，得到特征点对，在空间上对准两幅图像的重叠部分。但是由于图像的曝光度不同，容易造成明显的接缝，这时，可使用图像变形和融合技术实现接缝处的平滑过渡，得到无缝的全景图像。

要得到一幅高质量的全景图像，以上 6 个步骤缺一不可。

16.4.2　基于单应性变换的图像拼接算法

经典的图像拼接算法运用 SIFT 算法来提取图像的特征点，采用随机抽样一致性算法求解单应性矩阵（Homography Matrix）并剔除错误的匹配对，最后用加权平均融合算法对两幅图像进行拼接。

1．特征点提取

尺度空间理论的主要思想是，利用高斯核对原始图像进行尺度变换，获得图像在多尺度下的尺度空间表示序列，再对这些序列进行尺度空间的特征点提取。

二维高斯核定义为

$$G(x, y, \sigma) = \frac{1}{2\pi\sigma^2} e^{-(x^2+y^2)/2\sigma^2} \tag{16-1}$$

对二维图像 $I(x, y)$，其在不同尺度 σ 下的尺度空间表示为 $L(x, y, \sigma)$，$L(x, y, \sigma)$ 可由图像 $I(x, y)$ 与高斯核的卷积得到，即

$$L(x, y, \sigma) = G(x, y, \sigma) * I(x, y) \tag{16-2}$$

其中，*表示在 x 和 y 方向上的卷积，(x, y) 代表图像 $I(x, y)$ 上的像素点。

为了提高在尺度空间检测稳定特征点的效率，可以将高斯差值方程与原图像进行卷积来求取尺度空间的极值，即

$$\begin{aligned} D(x, y, \sigma) &= (G(x, y, k\sigma) - G(x, y, \sigma)) * I(x, y) \\ &= L(x, y, k\sigma) - L(x, y, \sigma) \end{aligned} \tag{16-3}$$

式中，k 为常数，一般取 $k = \sqrt{2}$ 。

　　SIFT 算法将图像金字塔引入了尺度空间，首先采用不同尺度因子的高斯核对图像进行卷积，得到图像的不同尺度空间，将这一组图像作为金字塔图像的第一阶。接着，对其中的 2 倍尺度图像以 2 倍像素的距离进行下采样，得到金字塔图像第二阶的第一幅图像，对该图像采用不同尺度因子的高斯核进行卷积，以获得金字塔图像第二阶的一组图像。再以金字塔图像第二阶中的 2 倍尺度图像以 2 倍像素的距离进行下采样，得到金字塔图像第三阶的第一幅图像，对该图像采用不同尺度因子的高斯核进行卷积，以获得金字塔图像第三阶的一组图像，以此类推，从而获得高斯金字塔图像。将每一阶相邻的图像相减，就得到了高斯差分图像，即 DOG 图像。对 DOG 尺度空间中的每个点，将其与相邻尺度和相邻位置的点逐个进行比较，得到的局部极值位置即特征点所处的位置和对应的尺度。

　　为了寻找尺度空间的极值，在 DOG 尺度空间中，中间层的每个像素点都需要与同一层的相邻 8 个像素点及它上一层和下一层的 9 个相邻像素点（共 26 个像素点）进行比较，以确保在尺度空间和二维图像空间中都能检测到局部极值。图像的高斯滤波保证了特征点不受噪声影响，DOG 图像保证了特征点不受亮度差影响。在高斯差分图像空间中提取极值点，保证了尺度不变性。

　　在利用高斯差分图像检测到的特征点中，含有一些低对比度的特征点和不稳定的边缘特征点，需要将它们剔除。使用泰勒级数将尺度空间方程 $D(x, y, \sigma)$ 展开为

$$D(\boldsymbol{X}) = D + \frac{\partial D}{\partial \boldsymbol{X}} \boldsymbol{X} + \frac{1}{2} \boldsymbol{X}^{\mathrm{T}} \frac{\partial^2 D}{\partial \boldsymbol{X}^2} \boldsymbol{X} \tag{16-4}$$

式中，$\boldsymbol{X} = (x, y, \sigma)$，$\dfrac{\partial D}{\partial \boldsymbol{X}}$ 和 $\dfrac{\partial^2 D}{\partial \boldsymbol{X}^2}$ 分别为 $D(\boldsymbol{X})$ 的一阶和二阶偏导数矩阵，可以通过附近区域的差分近似求得。对式（16-4）求导并令导数为零，可得出精确的极值位置为

$$\boldsymbol{X} = -\frac{\partial^2 D^{-1}}{\partial \boldsymbol{X}^2} \frac{\partial D}{\partial \boldsymbol{X}} \tag{16-5}$$

则有

$$D(\boldsymbol{X}) = D + \frac{1}{2} \frac{\partial D}{\partial \boldsymbol{X}^{\mathrm{T}}} \tag{16-6}$$

如果 $|D(\boldsymbol{X})| \geqslant 0.03$ ，则保留该特征点，否则丢弃。

　　为了剔除不稳定的边缘特征点，可以获取特征点处的 Hessian 矩阵，$D(x, y, \sigma)$ 主曲率可以通过一个 2×2 的 Hessian 矩阵 $\boldsymbol{H}$ 求出，即

$$\boldsymbol{H} = \begin{bmatrix} D_{xx} & D_{xy} \\ D_{xy} & D_{yy} \end{bmatrix} \tag{16-7}$$

　　设 α 和 β 分别为 $\boldsymbol{H}$ 的最大特征值和最小特征值，且 $\alpha = r\beta$ ，则 $D(x, y, \sigma)$ 的主曲率与特征值的大小成正比。令

$$\mathrm{Tr}(\boldsymbol{H}) = D_{xx} + D_{yy} = \alpha + \beta \tag{16-8}$$

$$\mathrm{Det}(\boldsymbol{H}) = D_{xx} D_{yy} - (D_{xy})^2 = \alpha\beta \tag{16-9}$$

$$\frac{[\mathrm{Tr}(\boldsymbol{H})]^2}{\mathrm{Det}(\boldsymbol{H})} = \frac{(\alpha + \beta)^2}{\alpha\beta} = \frac{(r+1)^2}{r} \tag{16-10}$$

若

$$\frac{[\text{Tr}(\boldsymbol{H})]^2}{\text{Det}(\boldsymbol{H})} < \frac{(r+1)^2}{r} \quad （一般取 r = 10 ）$$

则保留该特征点，否则丢弃。

特征点的旋转不变性可以利用其主方向来实现。(x, y) 处的梯度值和方向分别为

$$m(x, y) = \sqrt{(L(x+1, y) - L(x-1, y))^2 + (L(x, y+1) - L(x, y-1))^2} \quad （16\text{-}11）$$

$$\theta(x, y) = \tan^{-1}(L(x, y+1) - L(x, y-1)) \big/ L(x+1, y) - L(x-1, y) \quad （16\text{-}12）$$

在以特征点为中心的邻域内进行采样，并用直方图统计邻域像素点的梯度方向。梯度直方图的范围为 0°～360°，其中每 45° 一个柱，共 8 个柱。梯度直方图的峰值代表了该特征点处邻域梯度的主方向。这样对每个关键点，我们就拥有了 3 个信息：位置、尺度及方向。接下来，为每个关键点建立一个特征点描述符。

首先，将坐标轴旋转到特征点的方向，以保证旋转不变性；接下来。以特征点为中心取 16×16 的窗口，然后在每个 4×4 的图像区域上计算 8 个方向的梯度方向直方图，绘制每个梯度方向的累加值。此图中共有 4×4×8 = 128 个数据，形成了一个 128 维的 SIFT 特征向量，即特征点描述符。这种邻域方向性信息联合的思想，增强了算法抗噪声的能力，同时为含有定位误差的特征匹配提供了较好的容错性。此时，SIFT 特征向量已经不受尺度变化、旋转等几何变形的影响。我们再将其长度进行归一化，可以进一步去除光照变化的影响。

采用 MATLAB 或 Python 编程，分别对图像进行特征点提取，结果如图 16-2 所示。

(a)建筑物图像的 SIFT 特征点图

(b)自然景物图像的 SIFT 特征点图

图 16-2　SIFT 特征点图

2．图像配准

1）特征点匹配

提取出图像的特征点之后，就要进行特征点的匹配。可以采用两个特征点描述符之间的欧氏距离作为特征点匹配的相似度准则。假设特征点 p 和 q 的特征点描述符分别为 Des_p 和 Des_q ，则其欧氏距离定义为

$$d = \sqrt{\sum_{i=0}^{127}(\mathrm{Des}_p(i) - \mathrm{Des}_q(i))^2} \qquad (16\text{-}13)$$

可以采用穷举法进行特征点的匹配。以待匹配图像的特征点 R_i 为基准，在参考图像中搜索其最邻近的特征点 S_{if} 及次邻近的特征点 S_{is} ，若满足 $\dfrac{d(R_i, S_{\mathrm{if}})}{d(R_i, S_{\mathrm{is}})} <$ 阈值，则认为 S_{if} 与 R_i 为匹配的特征点对。

通过对阈值的设定，可以将两幅图像中没有匹配的特征点去掉，只留下匹配的特征点对。如图 16-3 所示，左、右两图像的 SIFT 特征点按照式（16-13）的计算结果进行了匹配。

(a)建筑物图像的 SIFT 特征点匹配图

(b)自然景物图像的 SIFT 特征点匹配图

图 16-3　SIFT 特征点匹配图

设原图像中一点的坐标为 $(x, y, 1)^{\mathrm{T}}$ ，经过变换后，该点的坐标为 $(x', y', 1)^{\mathrm{T}}$ ，则二者具有以下关系

$$\begin{bmatrix} x'' \\ y'' \\ z'' \end{bmatrix} = \boldsymbol{H} \begin{bmatrix} x \\ y \\ 1 \end{bmatrix} \tag{16-14}$$

$$\begin{bmatrix} x' \\ y' \\ 1 \end{bmatrix} = \frac{1}{z''} \begin{bmatrix} x'' \\ y'' \\ z'' \end{bmatrix} \tag{16-15}$$

式中，$\boldsymbol{H} = \begin{bmatrix} h_{11} & h_{12} & h_{13} \\ h_{21} & h_{22} & h_{23} \\ h_{31} & h_{32} & h_{33} \end{bmatrix}$，为单应性矩阵。通常令 $h_{33}=1$ 来归一化该矩阵，这样，待求解的

矩阵参数有 8 个，需要用 4 个特征点对来求解。求解算法如下。

从匹配的特征点对集合 S 中取出 4 对不共线的特征点对，坐标为 (x_i, y_i)，(x'_i, y'_i)，$i=1,2,3,4$，有

$$x'_i(h_{31}x_i + h_{32}y_i + h_{33}) = h_{11}x_i + h_{12}y_i + h_{13} \tag{16-16}$$

$$y'_i(h_{31}x_i + h_{32}y_i + h_{33}) = h_{21}x_i + h_{22}y_i + h_{13} \tag{16-17}$$

可得

$$\begin{bmatrix} x_1 & y_1 & 1 & 0 & 0 & 0 & -x'_1 x_1 & -x'_1 y_1 & -x'_1 \\ 0 & 0 & 0 & x_1 & y_1 & 1 & -y'_1 x_1 & -y'_1 y_1 & -y'_1 \\ x_2 & y_2 & 1 & 0 & 0 & 0 & -x'_2 x_2 & -x'_2 y_2 & -x'_2 \\ 0 & 0 & 0 & x_2 & y_2 & 1 & -y'_2 x_2 & -y'_2 y_2 & -y'_2 \\ x_3 & y_3 & 1 & 0 & 0 & 0 & -x'_3 x_3 & -x'_3 y_3 & -x'_3 \\ 0 & 0 & 0 & x_3 & y_3 & 1 & -y'_3 x_3 & -y'_3 y_3 & -y'_3 \\ x_4 & y_4 & 1 & 0 & 0 & 0 & -x'_4 x_4 & -x'_4 y_4 & -x'_4 \\ 0 & 0 & 0 & x_4 & y_4 & 1 & -y'_4 x_4 & -y'_4 y_4 & -y'_4 \end{bmatrix} \begin{bmatrix} h_{11} \\ h_{12} \\ h_{13} \\ h_{21} \\ h_{22} \\ h_{23} \\ h_{31} \\ h_{32} \\ 1 \end{bmatrix} = \begin{bmatrix} 0 \\ 0 \\ 0 \\ 0 \\ 0 \\ 0 \\ 0 \\ 0 \end{bmatrix} \tag{16-18}$$

即

$$\boldsymbol{A}\boldsymbol{h} = 0$$

对矩阵 $\boldsymbol{A}$ 进行奇异值分解，得

$$\boldsymbol{A} = \boldsymbol{U}\boldsymbol{D}\boldsymbol{V}^{\mathrm{T}} = \boldsymbol{U} \begin{pmatrix} d_{11} & \cdots & d_{19} \\ \vdots & \ddots & \vdots \\ d_{91} & \cdots & d_{99} \end{pmatrix} \begin{pmatrix} v_{11} & \cdots & v_{19} \\ \vdots & \ddots & \vdots \\ v_{91} & \cdots & v_{99} \end{pmatrix}^{\mathrm{T}} \tag{16-19}$$

$$\boldsymbol{h} = \frac{[v_{19} \quad \cdots \quad v_{99}]}{v_{99}} \tag{16-20}$$

$\boldsymbol{h}$ 中的各元素即所求。

应用单应性矩阵变换后的图像如图 16-4 所示。

图 16-4 应用单应性矩阵变换后的图像

2）匹配点对过滤

由于在用穷举法得到的匹配的特征点对中存在误匹配的情况，因此会影响两幅图像之间转换矩阵的求解精度，最后影响到全景图像的拼接效果。这里，传统的最小二乘法容易失效，需要用一种方法来剔除匹配点对集合中错误的匹配点对，并根据剔除了错误匹配点对后的匹配点对计算出精确的转换矩阵，我们利用 RANSAC 算法来计算单应性矩阵。

RANSAC（Random Sample Consensus，随机抽样一致性）算法是能够根据一组包含异常数据的样本数据集计算出数据的数学模型参数并得到有效样本数据的算法。该算法的主要思想是，通过多次采样，求解符合样本的数学模型参数，从中选取最符合整个样本数据集合的模型作为最佳模型，而符合最佳模型的样本点被视为精确的样本点（内点），不符合最佳模型的样本点则被视为存在误差的样本点（外点）。

具体做法如下。

（1）将待拼接图像中剩余的特征点分别通过单应性矩阵映射到参考图像中，然后计算映射点的位置与该匹配点对的实际位置之间的欧氏距离，即

$$d = (\frac{h_{11}x_i + h_{12}y_i + h_{13}}{h_{31}x_i + h_{32}y_i + h_{33}} - x_i')^2 + (\frac{h_{21}x_i + h_{22}y_i + h_{23}}{h_{31}x_i + h_{32}y_i + h_{33}} - y_i')^2 \qquad (16-21)$$

若 d 小于阈值，则将其加入内点集合，记下内点集合中匹配点的个数 c，反之将其加入外点集合。

（2）重复步骤（1）k 次。

（3）取 k 次计算结果中内点数目 c 最大的匹配点对集合作为精确的匹配点对集合；

（4）根据初步精确的匹配点对集合重新计算矩阵 **H**。

采用 RANSAC 算法得到的匹配的特征点对如图 16-5 所示，可以看出，RANSAC 算法剔除了许多错误的匹配点对，明显提高了匹配精度（阈值设定为 $\sqrt{20}$ ）。

3. 图像变形和融合

在两幅图像中，将第二幅图像作为参考图像，用所求的矩阵 **H** 对第一幅图像进行变换，变换之后，再经过图像融合即可完成整个图像的拼接工作。拼接后的图像在过渡区域会产生明显的拼接缝隙，图像融合的目的就是使配准后的图像重叠区域的像素点平滑过渡，其主要思想是采用一定的策略确定重叠区域像素点的灰度值。

(a)采用 RANSAC 算法得到的建筑物图像匹配的特征点对

(b)采用 RANSAC 算法得到的自然景物图像匹配的特征点对

图 16-5　采用 RANSAC 算法得到的匹配的特征点对

　　目前，图像融合主要有直接平均融合法、中值滤波融合法、加权平均融合法和多分辨率样条技术融合法 4 种。这里采用加权平均融合法来实现图像融合。

　　拼接后的图像包含 3 部分，只属于第一或者第二帧图像的部分只需要保持原来的灰度值，而重叠部分的灰度值由原始两幅图像灰度值的加权和构成，若 $f(x,y)$ 表示图像融合后的灰度值，$f_1(x,y)$ 和 $f_2(x,y)$ 为原始图像，则有

$$f(x,y) = w_1 f_1(x,y) + w_2 f_2(x,y) \qquad w_1 + w_2 = 1 \qquad （16\text{-}22）$$

式中，w_1 和 w_2 为权重。为了得到满意的融合效果，需要根据不同的输入图像和算法参数来调整 w_1 和 w_2 的值。

　　融合后的图像如图 16-6 所示，可以看出，两图像较好地完成了拼接，在重叠处基本实现了平滑过渡。

(a)融合后的建筑物图像　　　　　　　　　　(b)融合后的自然景物图像

图 16-6　融合后的图像

16.4.3 APAP 算法

基于单应性变换的图像拼接算法要想得到好的拼接效果，有两个必须满足的条件：图像的重叠区域可以近似为一个平面，每次拍摄时摄像机的投影中心几乎重合。然而，在实际应用中，这两个假设条件经常不被满足，造成重影、伪影及对齐出现偏差等问题。于是，Zaragoza等人提出了 APAP（As-Projective-As-Possible）算法，打通了图像拼接与网格优化的壁垒，大幅提升了图像拼接的效果，APAP 算法是一种通用、高效的用于拼接小视差图像的算法。

1．APAP 算法框架

APAP 算法在上述基于单应性变换的方法的基础上结合网格变形，其核心步骤在于网格划分，其将每个网格都用一个单应性矩阵对齐，再结合每个网格的权重，利用将局部单应性矩阵将网格映射到全景画布上，实现图像拼接。APAP 算法框架如图 16-7 所示。

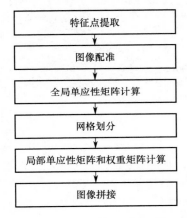

图 16-7　APAP 算法框架

2．网格划分

APAP 算法的本质是将图像划分为密集的网格，然后通过空间变形、扭曲来实现图像局部细节的对齐。带视差的图像拼接由于视差的存在，通常并不能利用所述的两个假设条件来进行单应性模型近似。然而，通过将图像进行网格划分，产生多个局部图像块，就可以将每个局部图像块近似地视为一个平面场景。因此，局部单应性模型通常是成立的。这也是为什么利用单个全局单应性矩阵来映射对齐图像是对不齐所有细节的，而利用多个局部单应性模型来映射对齐图像却可以得到精确的对齐结果的原因。

图 16-8 所示的例子将二维空间均匀地划分为 25×25 个网格。然后，使用相同的单应性模型对同一网格内的像素点进行变形，可以看到，该扭曲是全局投影的，但在重叠区域能够灵活适应，以更好地对齐。

3．局部单应性矩阵和权重矩阵计算

利用式（16-20）求得的单应性矩阵为全局单应性矩阵。为了获得多个局部单应性矩阵，首先将图像进行网格划分。然后，根据每个匹配点对距离当前网格中心点的远近进行加权，使加权平方误差最小，即

$$h^{(k)} = \arg\min_{h} \sum_{i=1}^{N} \left\| w_i^{(k)} a_i h \right\|^2 = \arg\min_{h} \sum_{i=1}^{N} \left\| W^{(k)} A h \right\|^2 \quad \|h\| = 1, \quad k = 1, 2, \cdots, m \quad (16\text{-}23)$$

式中，m 表示网格个数，需要评估 m 个局部单应性矩阵 $h^{(k)}$；矩阵 $W^{(k)}$ 是关于权重 $w_i^{(k)}$ ($i = 1, 2, \cdots, N$) 的对角矩阵，$W^{(k)} = \mathrm{diag}(w_1^{(k)}, w_1^{(k)}, w_2^{(k)}, w_2^{(k)}, \cdots, w_N^{(k)}, w_N^{(k)})$。

(a)参考图像　　　　　　　　　　　　　　　(b)划分网格（25×25）

(c)图像拼接

图 16-8　APAP 算法示例

权重的详细表达为

$$w_i^{(k)} = \max(\mathrm{e}^{-\left((x^{(k)} - x_i)^2 + (y^{(k)} - y_i)^2\right) \big/ \sigma^2}, \gamma) \quad (16\text{-}24)$$

式中，点 $(x^{(k)}, y^{(k)})$ 表示图像上第 k 个网格的中心点，点 (x_i, y_i) 表示图像上第 i 个特征点，参数 σ 是高斯函数的尺度因子，参数 γ 是阈值。式（16-24）表明，特征点越靠近网格中心，其对当前网格单应性评估的贡献越大；由于现实中多数特征点都是远离网格中心的，其权重趋近于 0，为了避免这些特征点的贡献消失，设置阈值参数 γ，用于确立最小权重不低于该阈值。

另外，可以看到，如果 $\gamma = 1$，则 $w_i^{(k)} = 1$，$W^{(k)} = I$（退化成单位矩阵），于是所有的局部单应性评估结果都会退化成全局单应性评估结果。从这个角度上看，阈值参数 γ 代表着局部单应性矩阵与全局单应性矩阵的相似程度。

16.5　实施步骤（任意选择一个算法实现）

16.5.1　采集图像

（1）用无人机或手机拍摄视频图像，可选择有明显线条的建筑物、道路及自然景物；

（2）每个场景至少拍摄三组重叠区域占比不同（约为 40%、60%、80%）的图像（拍摄过程中，注意拍摄视角的差异不要过大）；

（3）对比不同组拍摄的图像的差异，可以手动利用 Photoshop 软件进行拼接尝试。

16.5.2　编程实现基于单应性变换的图像拼接算法

（1）根据 16.4.2 节的内容，编程实现基于单应性变换的图像拼接算法。具体过程如下：

- 选取具有重叠区域的两幅图像分别作为参考图像和待拼接图像；
- 使用特征点提取算法提取特征点，可选择 SIFT 算法或其他的特征点提取算法；
- 计算特征点描述符，根据特征点描述符的相似度确定互相匹配的特征点对；
- 根据匹配的特征点对计算待拼接图像相对于参考图像的单应性矩阵，并运用该矩阵对待拼接图像进行变换；
- 将两幅图像融合，得到拼接后的图像。

（2）展示算法结果，观察拼接后的图像中直线结构的变化和图像颜色的差异；

（3）使用不同的特征点提取算法，进行结果对比；

（4）对比不同重叠区域占比图像的拼接结果。

16.5.3　编程实现 APAP 算法

（1）根据 16.4.3 节的内容，编程实现基于 APAP 算法的图像拼接；

（2）展示算法结果，观察拼接后的图像中直线结构的变化和图像颜色的差异；

（3）调整网格个数（50×50、100×100、200×200 等），进行结果对比并分析。

第 17 章

图像三维重建

17.1 学习目的

（1）了解图像三维重建技术的原理及流程；
（2）掌握户外场景的图像三维重建技术。

17.2 实践内容

（1）采集用于三维重建的序列图像；
（2）实现一种户外场景的图像三维重建算法。

17.3 准备材料

进行图像三维重建实践所需的材料如表 17-1 所示。

表 17-1 进行图像三维重建实践所需的材料

准 备 材 料	数 量
计算机	1 台
无人机	1 架
无人机载摄像机及机架	1 套
激光测距仪	1 台

17.4 预备知识

17.4.1 图像三维重建技术

　　图像三维重建技术是指在计算机中真实地重建出物体表面的三维虚拟模型的技术。基于视觉的图像三维重建的流程为，通过摄像机获取场景物体的图像，并对此图像进行分析处理，再结合计算机视觉知识推导出现实环境中物体的三维信息。构建一个物体完整的三维模型的过程可分为 3 步。

（1）利用摄像机等图像采集设备从各角度采集物体的点云数据，一台摄像机只能对物体的一个角度进行拍摄，要获得物体表面的完整信息，需要从多个角度对物体进行拍摄。

（2）将获得的各角度的点云数据变换到同一个坐标系下，完成多视角点云数据的配准。

（3）根据配准好的点云数据构建出模型的网格表面。

根据重建方式的不同，图像三维重建主要有以下 3 种算法。

1）双目立体视觉算法

双目立体视觉算法：模拟人类双眼的立体成像原理，用左、右两台有合适角度的摄像机在同一时间拍摄场景中的某一物体，通过三角几何关系和视差原理，获取左、右摄像机相同视角下物体表面像素点的坐标信息，进而构建出物体的位置和形状。

2）多目立体视觉算法

在双目立体视觉算法中，匹配的结果往往取决于被摄物体表面纹理、颜色信息的多寡。在物体表面纹理信息较少时，左、右两幅图像在像素点匹配时容易产生错误，结果不可靠。为减少错误匹配、提高双目立体视觉算法的匹配精度，出现了多目立体视觉算法。多目立体视觉算法根据光学三角形理论，采用多个重叠点多角度交汇的方法，有效使用冗余数据，在一定程度上解决了错误匹配的问题，提高了三维重建的精度。但这种算法较烦琐，使用的硬件设备也较复杂和昂贵。其中，三目立体视觉算法示意图如图 17-1 所示。

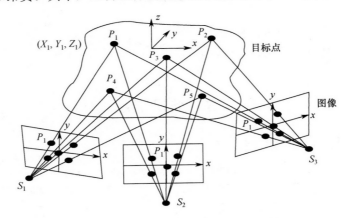

图 17-1　三目立体视觉算法示意图

3）基于运动的三维重建算法

基于运动的三维重建算法多用于动态场景跟踪等领域，算法的基本原理是，依靠运动的摄像机输出一系列图像来重建物体的三维信息。该算法主要基于多视角几何、仿射几何（Affine Geometry）和欧氏几何（Euclidean Geometry），相对应地，基于运动的三维重建算法可分为度量重建、仿射重建、欧氏重建。

17.4.2　基于运动的三维重建算法中关键帧的筛选

随着无人机运动范围的扩大和运动时间的加长，基于移动端拍摄的三维重建系统需要处理的视频帧数不断增加，容易导致系统实时性降低，系统内存消耗过大。由于相邻帧的图像之间存在大量的重叠区域，如果将它们全部存储，会存在很多冗余信息，这种冗余在移动端缓慢移动甚至静止时尤为明显。合适的关键帧有助于适当地降低信息冗余度，减少计算机资源的损耗，保证系统的平稳运行，提高三维重建的效率和精度，因此需要建立一个关键帧筛选机制。

以往基于移动端拍摄的三维重建系统中有 3 种常见的关键帧筛选方法：根据时间间隔对数据帧进行采样，根据空间距离对数据帧进行采样，根据图像的相似性对数据帧进行采样。

以上 3 种方法都使用单一的准则来进行关键帧的筛选，无法适应不同的环境。因此目前对关键帧的筛选倾向于基于多个准则，包括数据帧之间的基线长度、图像的清晰度、特征点与匹配点对的数量等。数据帧之间的基线长度对三维重建精度有很大的影响，长基线有利于提高三维重建的精度；图像的清晰度会影响特征检测的准确度进而影响摄像机位姿的精度；特征点与匹配点对的数量多，能保证关键帧之间有充分的的重叠区域。为保证三维重建算法的实时性和准确性，通常使用特征点与匹配点对的数量及数据帧之间的基线长度作为关键帧筛选的准则。

17.4.3　图像三维重建的基本流程

图像三维重建的基本流程如图 17-2 所示，下面对其中重要的步骤进行说明。

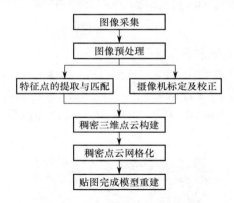

图 17-2　三维重建基本流程图

1. 图像预处理

图像预处理的目的在于改善图像的视觉效果，提高图像的清晰度，有选择地突出某些用户感兴趣的信息，抑制无用的信息，以提高图像的使用价值。具体内容包括图像增强、随机噪声去除、滤波等，参考第 8 章和第 9 章的内容。

2. 特征点的提取与匹配

特征点问题主要包括特征点提取和特征点匹配。特征点可理解为某些邻域变化比较大的点，如角点和噪声。因此，特征点问题可以归结为，在抵抗一定的图像畸变的情况下，保证特征点的正确提取和匹配。

1）特征点提取算法

① 加权平均 Harris-Laplace 特征点提取算法

针对单独使用 Harris 角点算子造成误检较多的情况，我们把图像角点提取与图像尺度空间结合，将多尺度图像的加权平均值作为特征点提取的依据，既可以保证鲁棒性，又减少了运算量。

② 基于 SIFT 的特征点提取算法

基于 SIFT 的特征点提取算法具有对图像的旋转、缩放、光照变化和仿射变换保持不变性的特点，可用于检测图像的局部特征。基于 SIFT 的特征点提取算法的主要思想为，首先建立高斯差分金字塔表征模型，然后将每个像素点与它周围的 8 个点，以及上下相邻层的 18 个邻域点（共 26 个点）做比较。如果该点是极值点，那么就认为该点为特征点，同时计算出该特征点的主方向，作为特征点的输出，SIFT 特征点图如图 17-3 所示。

图 17-3　SIFT 特征点图

③ 基于 SURF 的特征点提取算法

基于 SURF（加速鲁棒特征）的特征点提取算法借鉴上述 SIFT 算法的思想，借助积分图和 Haar 小波技术，使模板对图像的卷积可以通过加减运算在线性时间内完成（SURF 特征点图如图 17-4 所示）。实验证明，基于 SURF 的特征点提取算法的检测效率较高，具备较优的综合性能。

图 17-4　SURF 特征点图

2）特征点匹配算法

① NCC 特征点匹配算法

NCC（Normalizes Cross Correlation，归一化互相关）特征点匹配算法的优点是可以抵抗全局的亮度变化和对比度变化，且速度快；缺点是缺乏对图像缩放的适应性和对图像大视角变化的适应性。

② 基于 SIFT 的特征点匹配算法

基于 SIFT 的特征点匹配算法的主要思想是用特征点的 16×16 的邻域计算该邻域的每个点的梯度。然后将 16×16 的区域划分为 4×4 的小区域，每个小区域的点向 8 个方向进行投影，这样共可以得到 4×4×8=128 维的特征点描述符。首先将特征点旋转到它的主方向上，然后计算它与匹配点的 128 维特征点描述符的欧氏距离，距离最小的匹配点为正确匹配点。匹配过程可参考第 16 章，匹配结果可参考图 16-3。

③ 基于 SURF 的特征点匹配算法

与基于 SIFT 的特征点匹配算法类似，基于 SURF 的特征点匹配算法也是通过计算两个特征点间的欧氏距离来确定匹配度的，欧氏距离越短，代表两个特征点的匹配度越好。不同的是，基于 SURF 的特征点匹配算法还加入了对 Hessian（黑塞矩阵）矩阵迹（矩阵的主对角线上各元素的总和）的判断，如果两个特征点的 Hessian 矩阵迹的正负号相同，代表这两个特征点具有相同方向上的对比度变化；如果不同，说明这两个特征点的对比度变化方向是相反的，即使欧氏距离为 0，也应该直接予以排除。图 17-5 给出了基于 SURF 的特征点匹配算法的结果。

图 17-5　基于 SURF 的特征点匹配算法的结果

3．摄像机标定及校正

基于双目摄像机的图像三维重建中的摄像机标定可参考第 15 章的内容。下面针对常用的标定方法做简要的对比说明。

Tsai 两步标定方法。其主要思想是，利用透视变换原理线性求解出一些摄像机参数，接着把求得的这些参数作为非线性优化算法的初始值，只考虑摄像机的径向畸变，通过优化算法求解其余参数。相对线性标定方法，该方法的标定精度更高。

张正友平面标定方法。张正友结合传统摄影测量标定与计算机视觉自标定的优势，提出使用简易的平面标定模板，通过多个角度获取图像间的对应关系，高精度、高效地求解出摄像机的内参与畸变系数。张正友平面标定方法因其有效性、可靠性和灵活性而得到广泛应用。

摄像机自标定方法。摄像机自标定方法因其不需要额外的已知信息而具有极大的灵活性，受到广泛关注。常见的方法有直接求解 Kruppa 方程的自标定法、分层自标定法和基于绝对对偶二次曲面自标定法。目前应用最广泛的是基于绝对对偶二次曲面自标定法。

4．稠密三维点云构建（计算基础矩阵与本质矩阵）

基础矩阵是对同一场景两幅图像间约束关系的数学描述，是在未标定图像序列中的几何结构约束信息，隐式地包含了摄像机的所有内外参数。

基础矩阵的计算方法如下。

归一化点算法。该算法可以降低噪声的干扰，减少系数矩阵条件数，从而提高计算精度。

RANSAC 算法。该算法可以在一组包含"外点"的数据集中，采用不断迭代的方法，寻找最优参数模型。不符合最优参数模型的点被定义为"外点"。

假设内参矩阵分别为 K_1 和 K_2，两幅图像之间的基础矩阵为 F，由此可以求得它们之间的本质矩阵：$E = K_2^T F K_1$。接着，对本质矩阵进行分解（采用 SVD 分解方法），得到旋转矩阵 R 和平移向量 T。然后计算出两幅图像的投影矩阵 P_1 和 P_2，即可利用投影矩阵获得空间中三维点的坐标。详细过程可参考第 15 章的内容。

5．稠密点云网格化

通过上面的步骤可以得到基于图像的稠密三维点云，但是，要对空间物体的表面信息进行重建，需要对三维点云进行网格化。

稠密点云网格化即使用一系列网格来近似拟合点云。三角剖分是目前比较常见的点云网格化方法，其通过将离散的数据连接成很多三角形来达到面化或体化的目的（四面体其实就是由 4 个三角形组成的）。

三角剖分的原理如下。假设 V 是二维实数域上的有限点集，边 e 是由点集中的点作为端点构成的封闭线段，E 为 e 的集合，那么该点集 V 的一个三角剖分 $T=(V,E)$ 是一个平面图 G，该平面图满足：

（1）除了端点，平面图中的边不包含点集中的任何点；

（2）没有相交边；

（3）平面图中所有的面都是三角面，且所有三角面的集合是散点集 V 的凸包。

常用的三角剖分方法主要分为平面投影法和直接剖分法两种。平面投影法采用投影映射的方法，将三维点云投影到二维平面上，接着对投影后的二维点进行三角剖分，然后将二维剖分关系传递给三维点云的三角剖分关系。直接剖分法则将三维点云的三角剖分关系传递给点集 R，保留原始点云的拓扑结构，实际上是对 R 的线性插值。

实际运用的最多的三角剖分方法是 Delaunay 法，它是一种特殊的三角剖分方法，具体过程如下：

（1）遍历所有散点，求出点集的包容盒，得到作为点集凸壳的初始三角形并将其放入三角形链表；

（2）将点集中的散点依次插入，在三角形链表中找出外接圆包含插入点的三角形（称为该点的影响三角形），删除影响三角形的公共边，将插入点与影响三角形的全部顶点连接起来，从而完成一个点的插入；

（3）根据优化准则对局部新形成的三角形进行优化（如互换对角线等），将形成的三角形放入三角形链表；

（4）循环执行第（2）步，直到所有散点插入完毕。

上述基于散点的算法理论严密、唯一性好，网格满足空圆特性，较为理想。由逐点插入的过程可知，在完成构网后，在增加新点时，无须对所有的点进行重新构网，只需对新点影响的三角形范围进行局部连网，且局部连网的方法简单易行。同样，点的删除、移动也可快速、动态地进行。但在实际应用当中，这种算法不易引入地面的地性线和特征线，当点集较大时，构网速度较慢，如果点集范围是非凸区域（或者在点集范围内存在内环），则会产生非法三角形。

贪婪投影三角化算法是一种对原始点云进行快速三角化的算法，该算法假设曲面光滑，点云密度变化均匀，其不能在三角化的同时对曲面进行平滑和孔洞修复，具体过程如下：

（1）将三维点通过法线投影到某一平面中；

（2）对投影得到的点云做平面内的三角化；

（3）根据平面内三维点的拓扑关系获得一个三角网格曲面模型。

一般的点云网格化流程如下。

（1）下采样+统计滤波。通过下采样减少点云数据容量、加快处理速度；使用统计分析技术，去除点云数据集中的噪声、离群点，滤波前后对比如图 17-6 所示。

(a)滤波前

(b)滤波后

图 17-6　滤波前后对比

（2）重采样+平滑处理。通过重采样对物体表面进行平滑处理和漏洞修复，点云平滑前后对比如图 17-7 所示。

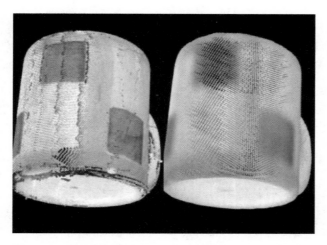

图 17-7　点云平滑前后对比（左：平滑前；右：平滑后）

（3）计算点云表面法线，并将点云位姿、颜色、法线信息合并到一起，构建有向点云，如图 17-8 所示。

图 17-8　点云表面法线

（4）网格化。使用贪婪投影三角化算法对有向点云进行三角化，实现点云网格化，如图 17-9 所示。

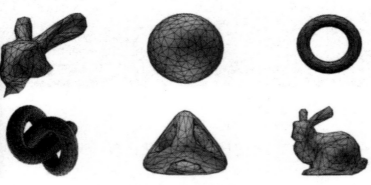

图 17-9　点云网格化

6．贴图完成模型重建

得到三维场景的大致模型之后，为了获得更加逼真的效果，还需要做进一步的纹理映射工作。纹理映射，简单来说就是贴图，在摄像机拍摄出的图像中选择一幅最合适的图像，将该图像上场景的纹理映射到三维模型中。

17.4.4 图像三维重建软件

可以利用图像三维重建软件将各分散的算法功能集中起来，使图像三维重建工作更加稳定、高效。一个完整的图像三维重建软件系统的功能可分为图像预处理、特征点提取、投影矩阵计算、稀疏点云计算、误匹配点滤波、稠密点云重建、生成图像块和纹理、重建结果显示、重建结果存储等。按照系统功能逻辑划分，图像三维重建软件系统可以分为数据层、功能层、显示层。数据层完成对图像的预处理；功能层完成图像的畸变矫正、特征点提取、三维重建、生成模型等；显示层实现对图像序列、稀疏点云、重建模型的可视化展示。

由于本章使用无人机采集的航拍图像作为输入图像，因此图像三维重建软件系统的数据处理流程从航拍图像数据开始，至三维重建模型结束，如图 17-10 所示。

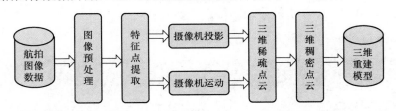

图 17-10　图像三维重建软件系统的数据处理流程（基于无人机航拍图像序列）

目前，主要的商用基于无人机航拍图像序列的图像三维重建系统大多基于上述流程，如瑞士 Pix4D 公司开发的 Pix4D Mapper，法国 Kolor 公司开发的 Kolor AutoPano Giga，俄罗斯 Agisoft 公司开发的 Agisoft PhotoScan，它们都是迅速进步的主流软件，且都能够独立完成上述数据处理流程。

Pix4D Mapper 软件将摄影测量带入了无人机自动化时代，其基于在运动中恢复结构的 SFM 算法和光束法区域网平差（Bundle Block Adjustment），可以快速评估图像序列质量，并提供详细、定量的自动空间三角测量和光束法区域网平差精度。结合图像 GPS 信息，该软件能够将图像序列中的数据拼接为一个大影像，自动生成正射影像并自动镶嵌匀色，可用 GIS 和 RS 软件显示影像结果，具有良好的可视化效果。

Pix4D Mapper 软件支持多台不同摄像机或多架无人机拍摄的图像，可将多个数据合并为一个工程进行处理。该软件的功能模块满足基于无人机航拍图像序列的图像三维重建系统设计要求，具有快速处理、点云加密、空间三角测量优化、光束法区域网平差、精度报告、镶嵌编辑、测图和云服务等功能，可以生成正射镶嵌（GeoTIFF）、Google Map 瓦片（PNG/KML）、数字高程模型 DEM（GeoTIFF/TXT）、点云（PLY/TXT）、三维模型（OBJ）等，可将建模结果通过任意视角展示出来，并且可以利用标定物进行尺寸约束、三维测量等。

Pix4D Mapper 软件界面如图 17-11 所示。

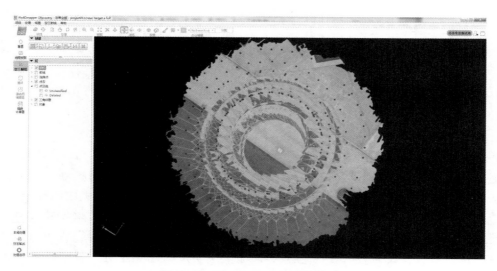

图 17-11　Pix4D Mapper 软件界面

Kolor AutoPano Giga 软件在利用图像序列生成单机位全景图像时具有明显优势，类似于专业全景照片合成软件 PTGui PRO、Enblend、Smartblend 和 Panaroama Tools 等。通过导入实验图像序列可以发现，该软件更适用于单相机环绕全景拼图。

Kolor AutoPano Giga 软件界面如图 17-12 所示。

图 17-12　Kolor AutoPano Giga 软件界面

Agisoft PhotoScan 软件在进行三维建模时，在导入环绕拍摄图像序列之后，可以按照期望目标限定每组工作流的质量标准。该软件对硬件要求较高，如果使用普通的台式计算机或者笔记本电脑，则仅能处理中等质量、8 幅图像（每个高度）的建模项目；如果处理更高质量或更多的图像，导入之后会出现因内存不足而中断作业的情况。

Agisoft PhotoScan 软件界面如图 17-13 所示。

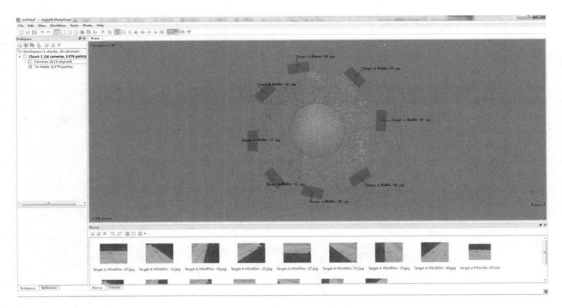

图 17-13　Agisoft PhotoScan 软件界面

17.5　实施步骤

17.5.1　使用无人机采集视频并提取关键帧

（1）在室外空旷的场地中确定采集目标，如一辆车、一栋建筑；

（2）操控无人机升空至一定高度后，按照图 17-14(a)所示的飞行线路（螺旋）环绕目标拍摄视频；

（3）选择不同的飞行高度和环绕半径（如图 17-14(b)所示），拍摄 4 组视频；

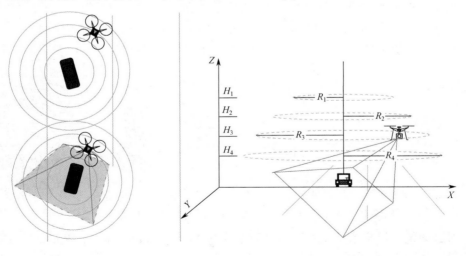

(a)飞行线路　　　　　　　　　　　　(b)飞行高度和环绕半径

图 17-14　无人机多角度环绕倾斜拍摄示意图

（4）调节机载摄像机的参数，保障拍摄的视频清晰；

（5）按照每个高度采集 8、16、32、64 幅图像的要求，采集数组图像序列；每个高度采集 8 幅图像示意图如图 17-15 所示。

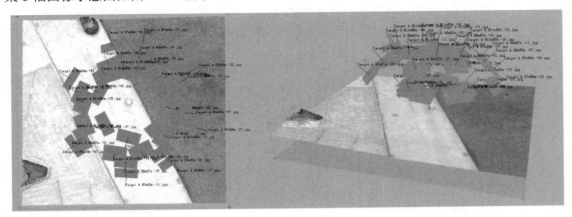

图 17-15　每个高度采集 8 幅图像示意图

（6）根据实验算法要求，筛选出合适的关键帧。

17.5.2　编程实现图像三维重建

（1）按照 17.4.3 节的图像三维重建的基本流程，编程实现相关算法；

（2）设置不同的点云网格参数（点云密度、网格密度等），观察重建后的效果；

（3）利用 OpenGL 函数库，编程展示图像三维重建的结果。

17.5.3　使用 Pix4D Mapper 软件实现图像三维重建

（1）安装 Pix4D Mapper 软件；

（2）根据软件说明，设置不同的图像三维重建参数（关键帧数量等）；

（3）输入 4 组在不同飞行高度和环绕半径下拍摄的图像数的各组图像序列；

（4）对每个高度的图像进行建模质量分析，观察图像间的关联关系，如图 17-16 所示；

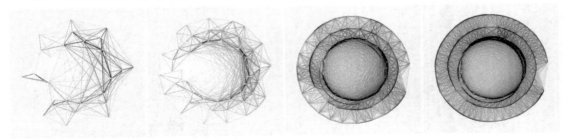

图 17-16　每个高度 8、16、32、64 幅图像间的关联关系示意图

（5）通过图像上每个像素点对应的自动连接点 ATPs（Automatic Tie Points）的数量，对比重建效果，如图 17-17 所示。根据 Pix4D Mapper 软件的定义，如果一个像素点可以连接到 16 个以上的自动连接点上，则该点被表示为白色，如果一个像素点无法连接到自动连接点上，

则该点被表示为黑色，灰色点则表示自动连接点的数量在 0～16 之间。图中黑灰色面积越大，建模效果越差，白色面积越大，建模效果越好。

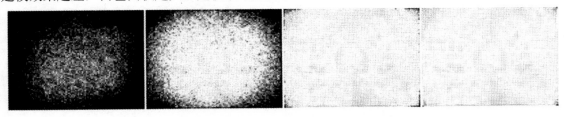

图 17-17　每个高度 8、16、32、64 幅图像自动连接点示意图

（6）观察、对比图像三维重建后的效果，如图 17-18 所示。

图 17-18　图像三维重建后的效果（自左向右：每个高度 8、16、32、64 幅图像）

第三部分

视频图像技术基础开发环境的搭建

## 第 18 章

MATLAB 编程基础

18.1 学习目的

（1）掌握 MATLAB 软件的基本使用；
（2）掌握 MATLAB 的数据读/写、存储和基本语法；
（3）熟练使用 MATLAB 中与视频图像处理相关的基本算法和函数；
（4）能够使用 MATLAB 实现简单的视频图像处理系统。

18.2 实践内容

（1）使用 MATLAB 进行常见的简单运算和矩阵运算；
（2）使用 MATLAB 实现视频图像处理。

18.3 准备材料

准备材料：计算机，MATLAB 软件。

18.4 预备知识

18.4.1 MATLAB 简介

　　MATLAB 是 Matrix 和 Laboratory 两个词的组合，意思为矩阵工厂（矩阵实验室），是由美国 MathWorks 公司发布的面向科学计算、可视化及交互式程序设计的计算环境。它将数值分析、矩阵计算、科学数据可视化及非线性动态系统的建模和仿真等诸多强大功能集成在一个易于使用的视窗环境中，为科学研究、工程设计及必须进行有效数值计算的众多科学领域提供了一个全面的解决方案，在很大程度上摆脱了传统非交互式程序设计语言（如 C、FORTRAN）的编程模式，代表当今国际科学计算软件的先进水平。

　　MATLAB 的基本数据单位是矩阵，它的指令表达式与数学、工程中常用的形式十分相似，因此用 MATLAB 来解决数学问题要比用 C、FORTRAN 等语言完成相同的任务要便捷得多。

18.4.2　MATLAB 安装

下面介绍 MATLAB R2019b 校园版的安装方法。

1．下载文件

准备下载文件，如图 18-1 所示。

名称	修改日期	类型	大小
R2019b_Windows.iso	2020/4/19 17:59	光盘映像文件	21,090,57...

图 18-1　下载文件

2．安装程序

（1）双击安装程序 "setup.exe"，如图 18-2 所示。

名称	修改日期	类型	大小
archives	2019/8/26 23:04	文件夹	
bin	2019/8/26 22:46	文件夹	
etc	2019/8/26 22:46	文件夹	
help	2019/8/26 22:46	文件夹	
java	2019/8/26 22:46	文件夹	
resources	2019/8/26 22:46	文件夹	
sys	2019/8/26 22:46	文件夹	
ui	2019/8/26 22:46	文件夹	
utils	2019/8/26 22:46	文件夹	
.dvd1	2019/8/26 23:04	DVD1 文件	0 KB
activate.ini	2011/3/21 15:05	配置设置	4 KB
autorun.inf	2006/6/17 3:50	安装信息	1 KB
install_guide.pdf	2019/7/26 13:33	Adobe Acrobat ...	3,499 KB
install_guide_ja_JP.pdf	2019/8/22 7:56	Adobe Acrobat ...	3,378 KB
install_guide_zh_CN.pdf	2019/8/22 7:56	Adobe Acrobat ...	3,580 KB
installer_input.txt	2019/7/19 7:29	文本文档	11 KB
license_agreement.txt	2019/7/19 7:23	文本文档	79 KB
patents.txt	2019/8/22 6:05	文本文档	13 KB
readme.txt	2019/7/19 7:29	文本文档	7 KB
setup.exe	2019/7/19 10:35	应用程序	476 KB
trademarks.txt	2013/12/28 15:08	文本文档	1 KB
version.txt	2019/8/26 23:04	文本文档	1 KB
VersionInfo.xml	2019/8/22 6:32	XML 文档	1 KB

图 18-2　安装程序

（2）开始安装，选择 "使用 MathWorks 账户登录" 单选按钮，单击 "下一步" 按钮，如图 18-3 所示。

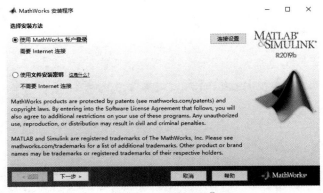

图 18-3　开始安装[①]

---

① 软件截图中，"帐户" 的正确写法为 "账户"。

（3）选择"是"单选按钮，接受许可协议，单击"下一步"按钮，如图 18-4 所示。

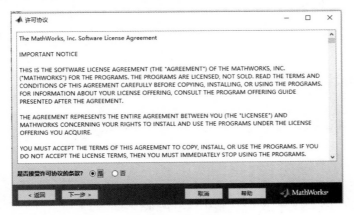

图 18-4　接受许可协议

（4）登录，填写已创建的 MathWorks 校园账户，单击"下一步"按钮，如图 18-5 所示。

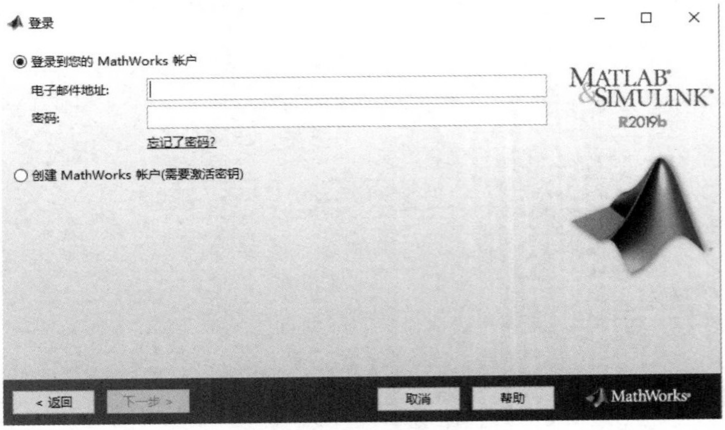

图 18-5　登录

（5）选择许可证，单击"下一步"按钮，如图 18-6 所示。

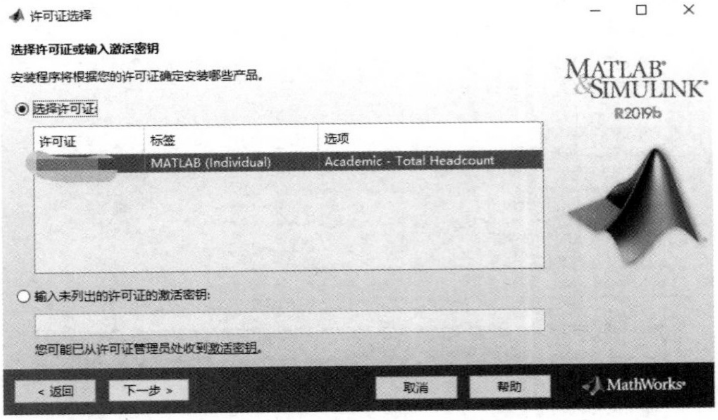

图 18-6　选择许可证

（6）选择安装目录，选择要安装的产品（默认即可），单击"下一步"按钮，如图 18-7 所示。

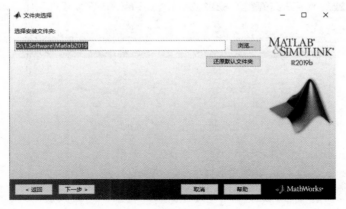

图 18-7　选择安装目录

（7）单击"安装"按钮，安装时间比较长，需要耐心等待。

（8）安装成功后会出现如图 18-8 所示的界面，单击"下一步"按钮，激活 MATLAB。

图 18-8　安装成功

（9）激活完成后即可使用软件，如图 18-9 所示。

图 18-9　激活完成

（10）运行软件，软件界面如图 18-10 所示。

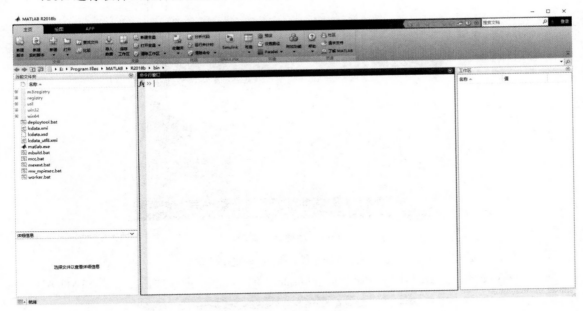

图 18-10　软件界面

3. 查看帮助文档

MATLAB 默认采用联网方式获取帮助文档，如需查看帮助文档，需要将联网查看方式改为本地查看方式。打开 MATLAB，等待初始化完成后，单击界面左下角的小三角，选择"Parallel preferences"选项，如图 18-11 所示。

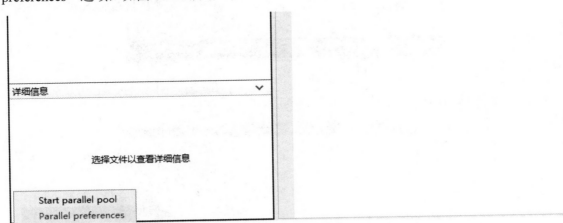

图 18-11　选择帮助文档查看方式

在左侧列表中选择"帮助"选项，在右侧选择"安装在本地"单选按钮，然后单击"确定"按钮，如图 18-12 所示。

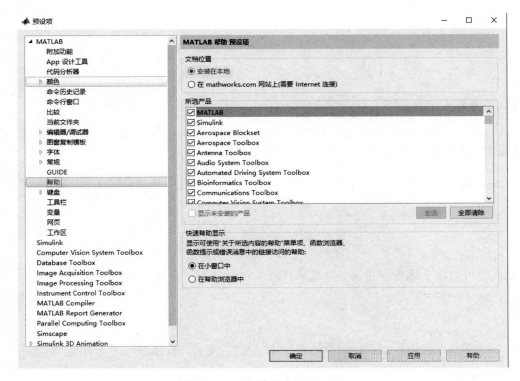

图 18-12　安装本地帮助文档

之后在软件界面中按 F1 键即可查看帮助文档。

18.4.3　MATLAB 的基本使用

1. 窗格

进入 MATLAB 后，会看到一个"命令行窗口"窗格，该窗格是输入指令的地方，也是 MATLAB 显示计算结果的地方。该窗格旁边有"当前文件夹"窗格、"详细信息"窗格、"工作区"窗格。

先从 MATLAB 的数学计算开始介绍。如果要计算 1+2+3 及 1×10+2×20+3×30 这两个公式的结果，那么在提示符号">>"后输入相应的表达式，按 Enter 键后，即可将计算结果以"ans"显示。如果输入的是 x=1+2+3，MATLAB 会将计算结果以"x="显示。

```
>> 1+2+3
ans =
6
>> 1*10 + 2*20 + 3*30
ans =
140
>> x=1+2+3
x =
6
```

如果在运算表达式的结尾加上"；"（半角字符），那么计算结果不会显示在命令行窗口中，要得知计算结果，需要输入变量名。

```
>> x=1+2+3;
>>x
x =
6
```

2．基本算术运算

MATLAB 提供的基本算术运算包括加（+）、减（−）、乘（*）、除（/）、幂次方。

【例 18-1】计算面积 Area = πr^2，半径 $r = 2$。需要输入：

```
>> r=2;
>> area=pi*r^2;
```

运行结果为

```
>> area
area =
12.5664
```

我们也可以将上述指令在同一行输入，以半角逗号（","）或半角分号（";"）分开，例如：

```
>> r=2, area=pi*r^2;
```

或者

```
>> r=2; area=pi*r^2;
```

如果一个指令过长，那么可以在结尾加上"..."（代表此行指令与下一行连续）。

3．结果显示

MATLAB 可以将计算结果以不同精度的数字显示出来。以 1.3333 为例，设置不同精度的指令如下。

```
format short
    1.3333
format short e
    1.3333e+000
format short g
    1.3333
format long
    1.33333333333333
format long e
    1.333333333333333e+000
format long g
    1.33333333333333
format bank
    1.33
format +
    ++
format rat
    4/3
format hex
    3ff5555555555555
```

4．MATLAB 对变量名的规定

MATLAB 对变量名有以下规定。

（1）区分英文大小写字母（如 apple、Apple、AppLe 这 3 个变量不同）。

（2）长度上限为 19 个字符。

（3）变量名的第一个字符必须是英文字母，后面可以是英文字母、数字或是下画线。

表 18-1 列出了 MATLAB 中定义的特殊变量及其意义。

表 18-1　MATLAB 中定义的特殊变量及其意义

变　量　名	意　　　义
help	帮助，如 help quit
who	列出所有定义过的变量
ans	预设的计算结果
eps	预设的正的极小值，等于 2.2204e-16
pi	π 值
inf	∞值，无限大
NaN	无效，无法定义

5．建立矩阵

要建立矩阵，可进行如下操作：

```
>> x = [1 2 3];          % 一维 1*3 矩阵
>> x = [1 2 3; 4 5 6];   % 二维 2*3 矩阵，以;分隔各列的元素
>> a=1:5                  % 这种方式更直接
a =
1 2 3 4 5
```

注意，"%"后面的是注释文字。

6．查看当前工作区中有哪些变量

可用 who 或 whos 来查看当前工作区中有哪些变量。例如：

```
whos
Name    Size    Bytes   Class
A       4x4     128     double array
D       3x5     120     double array
M       10x1    40      cell array
S       1x3     628     struct array
h       1x11    22      char array
n       1x1     8       double array
s       1x5     10      char array
v       1x14    28      char array
Grand total is 93 elements using 984 bytes
```

7．一些使用技巧

在 MATLAB 中，利用"↑"和"↓"两个方向键可将用过的指令唤回，重复使用。按"↑"键，则前一个指令会重新出现，之后再按 Enter 键，即可再次执行前一个指令。

输入 clear 指令，可以删除所有定义过的变量名；如果只想删除 x 及 y 两个变量，则可以输入：

clear x y

输入 clc 指令，可以清除命令行窗口，但并不清除工作区，只是清除了显示。

18.4.4 MATLAB 图像处理基本操作

1．读/写图像文件

1）imread

imread 函数用于读取图像文件，如：

    a=imread('e:\w01.tif')

2）imwrite

imwrite 函数用于写入图像文件，如：

    imwrite(a,'e:\w02.tif', 'tif')

3）imfinfo

imfinfo 函数用于读取图像文件的有关信息，如：

    imfinfo('e:\w01.tif')

2．图像显示

1）image

image 函数是 MATLAB 提供的最原始的图像显示函数，如：

    >> a=[1,2,3,4;5,6,7,8;9,10,11,12];
    >>image(a);

2）imshow

imshow 函数用于图像文件的显示，如：

    >> i=imread('e:\w01.tif');
    >> imshow(i);
    >> title('原图像')%加上图像标题

3）colorbar

colorbar 函数用于显示图像的颜色条，如：

    >> i=imread('e:\w01.tif');
    >> imshow(i);
    >> colorbar;

4）figure

figure 函数用于设定图像显示窗口，如：

    figure(1);
    figure(2);

5）subplot

subplot 函数用于把显示窗口分成多个子窗口，每个子窗口可以分别用来显示。subplot(m, n, p) 将显示窗口分成 m*n 个子窗口，在第 p 个子窗口中创建的坐标轴为当前坐标轴，用于显示图像。

6）plot

plot 函数用于绘制二维图形，如：

    plot(y);

```
plot(x, y);   % 这里 x、y 可以是向量、矩阵
```

3．图像类型转换

1）rgb2gray

rgb2gray 函数能将彩色图像转换为灰度图像。如：

```
i=rgb2gray(j)
```

2）im2bw

im2bw 函数通过阈值化方法能把图像转换为二值图像。如：

```
i=im2bw(j, level)
```

这里，level 表示灰度阈值，取值范围为 0～1。

3）imresize

imresize 函数用于改变图像的大小，如：

```
i=imresize(j, [m n])
```

能将图像 j 的大小调整为 m 行 n 列。

4．图像间的运算

1）imadd

imadd 函数用于实现两幅图像相加，要求两幅图像大小、类型相同。如：

```
Z=imadd(x, y)   % 表示图像 x+y
```

2）imsubstract

imsubstract 函数用于实现两幅图像相减，要求两幅图像大小、类型相同。如：

```
Z=imsubtract(xm y)   % 表示图像 x-y
```

3）immultiply

immultiply 函数用于实现两幅图像相乘。如：

```
Z=immultiply(x, y)   % 表示图像 x*y
```

4）imdivide

Imdivide 函数用于实现两幅图像相除。如：

```
Z=imdivide(x, y)   % 表示图像 x/y
```

18.5 实施步骤

18.5.1 使用 MATLAB

（1）输入简单矩阵 $A = \begin{bmatrix} 1 & 2 & 3 \\ 4 & 5 & 6 \\ 7 & 8 & 9 \end{bmatrix}$；

（2）画出衰减振荡曲线 $y = \mathrm{e}^{-\frac{t}{3}} \sin 3t$ 及其包络线 $y_0 = \mathrm{e}^{-\frac{t}{3}}$，$t$ 的取值范围是 $[0, 4\pi]$。

（3）画出 $z = \dfrac{\sin(\sqrt{x^2 + y^2})}{\sqrt{x^2 + y^2}}$ 表示的三维曲面，x, y 的取值范围是 $[0, 4\pi]$。

（4）实现复数矩阵的生成及运算：

A=[1,3;2,4]-[5,8;6,9]*i

B=[1+5i,2+6i;3+8*i,4+9*i]

C=A*B

18.5.2　MATLAB 图像处理

（1）读入一幅 RGB 图像，利用 rgb2gray 函数和 im2bw 函数将其变换为灰度图像和二值图像。在同一个窗口内的 3 个子窗口中分别显示原始图像、灰度图像、二值图像（如图 18-13 所示），标注上文字标题。

图 18-13　子窗口显示（1）

（2）分别读入两幅图像 A 和 B，然后对两幅图像进行加（A+B）、减（A–B）、乘（A*B）、除（A/B）操作。在同一个窗口内的 6 个子窗口中分别显示原始图像 A、原始图像 B、加法图像、减法图像、乘法图像、除法图像（如图 18-14 所示），标注上文字标题。

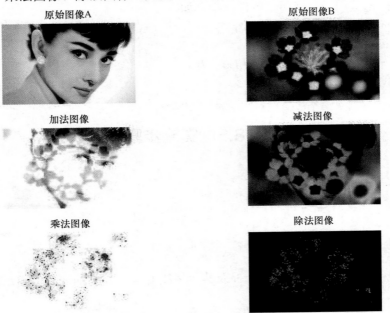

图 18-14　子窗口显示（2）

（3）对一幅图像进行灰度变化，通过像素值等比例的增大和减小来实现图像变亮和变暗的效果。在同一个窗口内的 3 个子窗口中分别显示原始图像、变亮图像、变暗图像（如图 18-15 所示），标注上文字标题。

原始图像　　　　　　　　　　变亮图像　　　　　　　　　　变暗图像

图 18-15　子窗口显示（3）

（4）熟悉图像处理常用函数的使用，调出帮助文档，查看常用函数的不同用法。

18.5.3　比较分析

（1）分析图像在进行颜色变换时通道数的改变和同一位置上像素值的改变。

（2）分析图像的算术运算结果，分别陈述图像加、减、乘、除运算可能的应用领域。

## 第 19 章

OpenCV 编程基础

19.1 学习目的

（1）学习 OpenCV 编程的基础知识；

（2）了解 OpenCV 编程支持的常用功能。

19.2 实践内容

用 OpenCV 实现基本图像处理功能，如图像直方图处理（图像直方图显示、图像直方图均衡化）、空间域滤波与频域变换（均值滤波、中值滤波、高斯滤波；离散傅里叶变换、离散余弦变换）。

19.3 准备材料

准备材料：计算机，OpenCV 库。

19.4 预备知识

19.4.1 OpenCV 简介

OpenCV（Open Source Computer Vision）是一个面向实时计算的跨平台计算机视觉函数库，可以在 Linux、Windows、Android 和 Mac 操作系统上使用，遵循 BSD 开源许可。OpenCV 主要用 C 和 C++编写，包含从图像预处理到深度神经网络预训练模型等大量中高层 API，可以完成图像分割、目标检测、人脸识别、运动目标跟踪等主流的视觉任务。它提供了 C++、Python、Java、Ruby 和 MATLAB 等语言的接口，也提供使用 CUDA 的 GPU 接口。由于 OpenCV 支持跨平台且计算效率高，因此成了当前计算机视觉领域使用非常广泛的库。

19.4.2 OpenCV 安装

使用 Anaconda 安装 OpenCV 可以做到一键安装，简单方便。下面介绍如何通过 Anaconda 在 Windows 下安装 OpenCV。

1．Anaconda 简介

Anaconda 是一个开源的 Python 包管理器。通过 Anaconda 可以方便地在同一台计算机上安装与管理不同版本的软件包，并能够在各不同的环境之间切换。

2．安装步骤

1）下载、安装 Anaconda

进入 Anaconda 官方网站，选择 Windows 操作系统，并选择对应的 Python 3.7 版本，单击 Download 按钮，如图 19-1 所示。

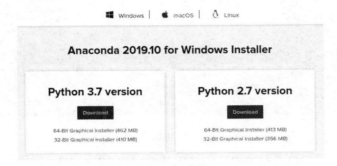

图 19-1　下载 Anaconda

下载后安装即可。注意，在安装过程中要记住 Anaconda 的安装路径，以便后续设置 PyCharm 项目编译器。

2）使用 Anaconda 配置 OpenCV 环境

首先，启动 Anaconda Navigator，如图 19-2 所示。单击 PyCharm 选项下的 Launch 按钮，启动 PyCharm 环境，我们将使用 PyCharm 集成开发环境进行 OpenCV 的介绍。

图 19-2　使用 Anaconda 安装 PyCharm

然后，单击 Environments 选项卡中的 Create 按钮，创建环境，将其命名为 OpenCVLearning，注意选择对应的 Python 版本，如图 19-3 所示。

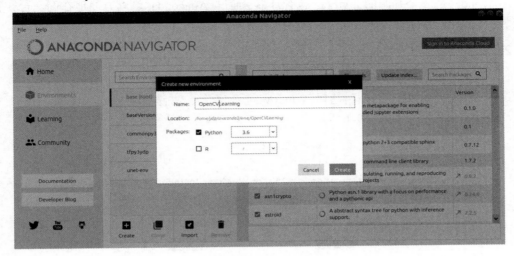

图 19-3　创建环境

接着，在右边区域中将下拉菜单中的选项 Installed 改为 All，搜索 opencv，选择对应的包，单击 Apply 按钮，如图 19-4 所示。到此，OpenCV 安装完成。同时，以同样的方式安装 Matplotlib（用于图像显示）。

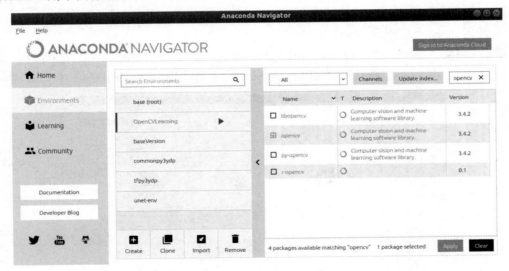

图 19-4　安装

最后，在 PyCharm 中设置项目编译器。

进入 PyCharm 环境，选择"File"—"New Project"选项，新建项目，将其命名为 OpenCVBasicOperator。单击"File"—"Settings"—"Project: OpenCVBasicOperator"—"Project Interpreter"选项，进行项目编译器设置。在 Add Python Interpreter 对话框中选择 Conda Environment 选项卡，选中 Existing environment 单选按钮，将 Interpreter 框中的内容修改为

Anaconda 安装路径下的编译器文件路径，单击 OK 按钮，如图 19-5 所示。到此，OpenCV 安装完成并成功设置项目编译器。

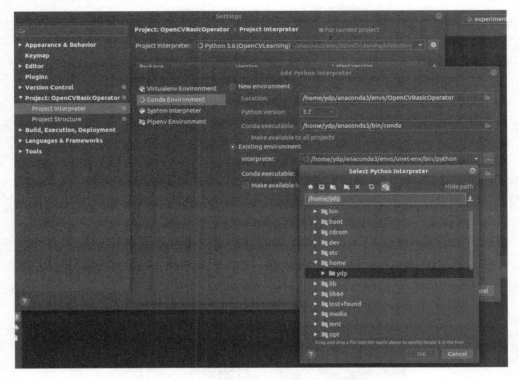

图 19-5　在 PyCharm 中设置项目编译器

19.5　实施步骤

19.5.1　图像直方图处理

利用 OpenCV 实现图像直方图处理。

1．图像直方图显示

代码如下。

```
img = cv2.imread("Lenna.png")
hist_b = cv2.calcHist([img], [0], None, [256], [0, 256])
hist_g = cv2.calcHist([img], [1], None, [256], [0, 256])
hist_r = cv2.calcHist([img], [2], None, [256], [0, 256])
```

程序运行结果如图 19-6 所示。

2．图像直方图均衡化

代码如下。

```
b = cv2.equalizeHist(img[:, :, 0])
```

```
g = cv2.equalizeHist(img[:, :, 1])
r = cv2.equalizeHist(img[:, :, 2])
equalizationImg = cv2.merge((b, g, r))
```

程序运行结果如图 19-7 所示。

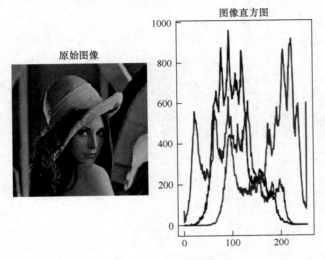

图 19-6   图像直方图显示

图 19-7   图像直方图均衡化

19.5.2   空间域滤波与频域变换

利用 OpenCV 库实现空间域图像滤波处理和频域变换。

1．均值滤波

代码如下。

```
# 加噪声
def noise_pepperAndSalt(src, percentage):
    '''
    定义椒盐噪声函数
    输入：图像源文件、噪声比例
    输出：带有一定比例椒盐噪声的图像
    '''
```

```
        srcImg = src.copy()
        noise_num = int(percentage * srcImg.shape[0] * srcImg.shape[1])
        for i in range(noise_num):
            x = random.randint(0, srcImg.shape[0]-1)
            y = random.randint(0, srcImg.shape[1]-1)
            if random.randint(0,1) <= 0.5:
                srcImg[x, y, :] = 0
            else:
                srcImg[x, y, :] = 255
        return srcImg
    noisedImg = noise_pepperAndSalt(img, 0.05)
    # 均值滤波
    blurImg = cv2.blur(src=noisedImg, ksize=(5, 5))    # 用 5*5 大小的均值滤波器进行滤波
```

程序运行结果如图 19-8 所示。

原始图像　　　　噪声图像　　　　均值滤波

图 19-8　均值滤波

2．中值滤波

核心代码如下。

```
    medianBlurImg = cv2.medianBlur(src=noisedImg, ksize=5)    # 用 5*5 大小的中值滤波器进行滤波
```

程序运行结果如图 19-9 所示。

原始图像　　　　噪声图像　　　　中值滤波

图 19-9　中值滤波

3．高斯滤波

核心代码如下。

```
    gaussianBlurImg = cv2.GaussianBlur(src=noisedImg, ksize=(5, 5), sigmaX=0)
    # 用大小为 5*5、标准差为 0 的高斯滤波器进行滤波
```

程序运行结果如图 19-10 所示。

原始图像　　　　　　　噪声图像　　　　　　　高斯滤波

图 19-10　高斯滤波

4．离散傅里叶变换

代码如下。

```
noisedImgGray = cv2.cvtColor(noisedImg, cv2.COLOR_BGR2GRAY)
dft = cv2.dft(np.float32(noisedImgGray), flags=cv2.DFT_COMPLEX_OUTPUT)
dft_shift = np.fft.fftshift(dft)
magnitudeSpectrum = 20 * np.log(cv2.magnitude(dft_shift[:, :, 0], dft_shift[:, :, 1]))
rows, cols = noisedImgGray.shape
mask = np.zeros((rows, cols, 2), np.uint8)
mask[(rows//2)-30:(rows//2)+30, (cols//2)-30:(cols//2)+30] = 1
fshift = dft_shift * mask
f_ishift = np.fft.ifftshift(fshift)
imgDft = cv2.idft(f_ishift)
imgDft = cv2.magnitude(imgDft[:, :, 0], imgDft[:, :, 1])
```

程序运行结果如图 19-11 所示。

噪声图像　　　　　　　　频谱　　　　　　　离散傅里叶变换

图 19-11　离散傅里叶变换

5．离散余弦变换

代码如下。

```
noisedImgGray = cv2.cvtColor(noisedImg, cv2.COLOR_BGR2GRAY)
normedGray = np.float32(noisedImgGray)
dct = cv2.dct(normedGray)
dctSpectrum = np.log(abs(dct))
mask = np.zeros(noisedImgGray.shape, dtype=np.int32)
mask[:50, :50] = 1
shift = dct * mask
imgDct = cv2.idct(np.float32(shift))
```

程序运行结果如图 19-12 所示。

图 19-12　离散余弦变换

第 20 章

Python 编程基础

20.1　学习目的

（1）掌握 Python 的基本使用；

（2）掌握 Python 中控制语句、列表、字典等的用法；

（3）熟练使用 Python 编写函数；

（4）理解如何用 Python 搭建简单的深度神经网络。

20.2　实践内容

Python 语言快速入门及简单的编程练习。

20.3　准备材料

准备材料：计算机，Python 3.7.3。

20.4　预备知识

20.4.1　Python 3.7.3 安装

（1）在 Python 官方网站下载 Python 3.7.3，如图 20-1 所示。

（2）找到下载好的 Python 安装包，双击开始安装，选择 Install Now 选项，如图 20-2 所示。Python 安装成功界面如图 20-3 所示。

（3）测试 Python 是否安装成功。在"开始"菜单找到 IDLE 并启动，输入测试语句（如图 20-4 所示）：

```
print("Hello world!")
```

（4）安装 Python 扩展库，并验证扩展库安装成功。在 IDLE 中使用 import 导入安装好的扩展库，验证是否安装成功。

图 20-1　Python 官方网站

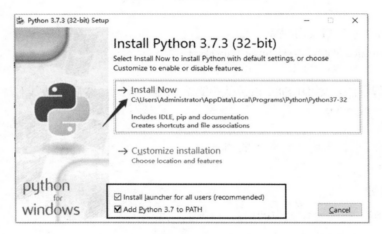

图 20-2　安装 Python

图 20-3　Python 安装成功

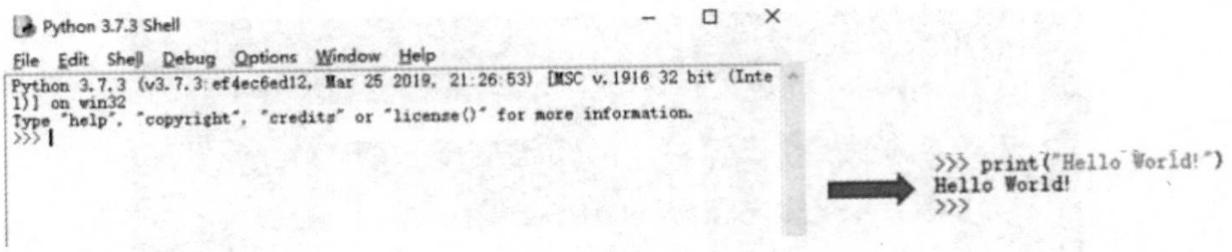

图 20-4　测试 Python 是否安装成功

20.4.2　Python 常用函数

1．numpy 库函数

1）savetxt

savetxt 函数用于保存文件并写入数据，如：

np.savetxt('data.csv', data, fmt='%s %s %s %s %s %s', header='Id Name Gender Age Chinese Math', comments='')

2）loadtxt

loadtxt 函数用于读取文件数据，如：

data = np.loadtxt('data.csv', skiprows=1, dtype=str)

3）argsort

argsort 函数用于将数组中的元素按从小到大的顺序排列，然后返回其对应的索引值，如：

index = np.argsort(a)

4）sum

sum 函数用于求数组内所有元素的和，如：

np.sum(a)

2．os 库函数

listdir 函数用于获取文件夹下的所有文件名，如：

file_names = os.listdir(path)

3．PIL 库函数

resize 函数用于缩放图像，如：

from PIL import Image
img = Image.open('xx.png')
img = img.resize((100, 100))
img.show()

20.5　实施步骤

20.5.1　用 Python 创建一个 csv 文件

（1）用 Python 创建一个 csv 文件，横轴分别是学号、姓名、性别、年龄、语文、数学；

（2）向文件中写入虚构的人物属性（20 个人物即可），例如：1234、小明、男、20、70、80；

（3）再按照数学成绩从高到低对人物进行排序，生成一个新的 csv 文件。

20.5.2　用 Python 写一个脚本

（1）用 Python 写一个脚本，可以读取 C 盘下 5 层文件夹中扩展名为 ".png" ".jpg" ".jpeg" ".bmp" 文件（如果计算机中没有图片，则从网上下载 10 张图片放在 C 盘下面），如：

C:\Users\xiaowang\Pictures\SavedPictures\123.png;

C:\Users\xiaowang\Pictures\789.jpg;

（2）把读取到的文件的绝对路径写在一个 txt 文件里。

20.5.3　多边形面积求解

一直以来，如何求解多边形的面积都是数学中基本且重要的问题。如图 20-5 所示，按顺时针或逆时针方向对多边形的各顶点（角）进行编号，并且以 "$(x_1,y_1), (x_2,y_2), \cdots, (x_n,y_n)$" 的形式表示其坐标。那么，在知道上述各点的坐标后，便可以轻松计算出多边形的面积 A。

$$A = \frac{1}{2}\left|(x_1y_2 + x_2y_3 + \cdots + x_{n-1}y_n + x_ny_1) - (y_1x_2 + y_2x_3 + \cdots + y_{n-1}x_n + y_nx_1)\right| \qquad (20\text{-}1)$$

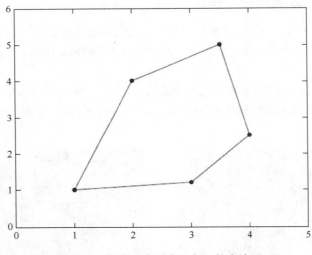

图 20-5　拥有 5 个顶点（角）的多边形

（1）使用 Python 语言编写一个 polyarea(x,y) 函数，该函数接收 x,y 两个列表 list（或数组 array），返回多边形的面积。更具体地，x 存储的是按顺时针或逆时针方向编号后的各顶点的横坐标，y 存储的是按顺时针或逆时针方向编号后的各顶点纵坐标，x 和 y 遵从的方向应一致。

（2）在三角形、四边形和五边形上测试所编写的函数，将用该函数计算出来的多边形面积与实际面积进行对比。

提示： 由于 Python 中的列表或数组的第一个索引值为 0 而非 1，因此要注意实际应用时的索引值。

20.5.4　π的计算

对π的值进行估计有多种方法，这里分别介绍莱布尼兹法和欧拉法。

莱布尼兹法的公式为

$$\pi = 8\sum_{k=0}^{\infty}\frac{1}{(4k+1)(4k+3)} \tag{20-1}$$

欧拉法的公式为

$$\pi = \sqrt{6\sum_{k=0}^{\infty}\frac{1}{k^2}} \tag{20-2}$$

可以看到，无论采用哪种方法，想要无限接近真实值，都需要计算无穷多项的和。事实上，这是无法完成的，所以一般只考虑前 n 项。考虑的项数 n 越小，两种方法得到的值与真实值之间的差距越大，反之则越小。

（1）使用 Python 编写一个脚本：用户可输入一个正整数 N，脚本在接收到用户输入的 N 后，分别使用上述两种方法计算当 $n=1$，$n=2$，…，$n=N$ 时的近似值；

（2）在脚本中计算各近似值与真实值之间的误差，通过曲线图的形式可视化其结果，一种方法对应一条曲线，共两条曲线。曲线的横坐标为 n，纵坐标为误差。

思考：本练习需要使用真实值进行误差计算，那么 Python 本身是否提供了真实值？

20.5.5 下载图像、分类保存并拼接

（1）从 pictures 文件夹下的 32 幅图像中，找出 16 幅猫咪图像另存到 cats 文件夹下，将剩下的 16 幅人的图像另存到 person 文件夹下（提示：可以使用 OpenCV 进行人脸识别和猫脸识别）；

（2）分别使用 PIL 库对分好的两类图像进行下采样，将其处理为相同大小的图像，再使用 numpy 库将图像按 4×4 的结构拼接到一起，如图 20-6 所示。注意，要求只能使用 os 库、PIL 库和 numpy 库。

图 20-6　按 4×4 的结构拼接到一起

## 第 21 章

面向深度学习的
智能化图像处理环境搭建

21.1　学习目的

（1）了解 PyTorch 深度学习框架；

（2）掌握 PyTorch 深度学习框架的配置方法；

（3）掌握 PyTorch 基本编程。

21.2　实践内容

（1）安装并配置 PyTorch 深度学习框架；

（2）使用 PyTorch 编写简单的程序。

21.3　准备材料

准备材料：计算机。

21.4　预备知识

21.4.1　Windows 10 环境下 PyTorch 的安装

下面介绍在 Windows 10 环境下安装 PyTorch 的过程，建议参考官方文档以获取最新资料。

1．安装 Anaconda 和 CUDA 10

参考第 19 章，安装 Anaconda。还需要安装 CUDA 10（For Windows）。

（1）安装 CUDA 10 的操作系统要求和编译器要求如表 21-1 和表 21-2 所示。

表 21-1　操作系统要求

操 作 系 统	Native x86_64	Cross (x86_32 on x86_64)
Windows 10	Yes	No
Windows 8	Yes	No
Windows 7	Yes	No
Windows Server 2019	Yes	No
Windows Server 2016	Yes	Yes
Windows Server 2012 R2	Yes	Yes

表 21-2　编译器要求

编 译 器	IDE	Native x86_64	Cross (x86_32 on x86_64)
MSVC Vesion 192x	Visual Studio 2019 16.x (Preview releases)	Yes	No
MSVC Vesion 191x	Visual Studio 2019 15.x (RTW and all updates)	Yes	No
MSVC Vesion 1900	Visual Studio 2015 14.0 (RTW and updates 1, 2, and 3)	Yes	No
	Visual Studio Community 2015	Yes	No
MSVC Vesion 1800	Visual Studio 2013 12.0	Yes	Yes
MSVC Vesion 1700	Visual Studio 2012 11.0	Yes	Yes

（2）下载 CUDA 10 软件包。在官方网站下载相关的软件包，如图 21-1 所示。注意，需要选择相应的 Windows 版本，如图 21-2 所示。

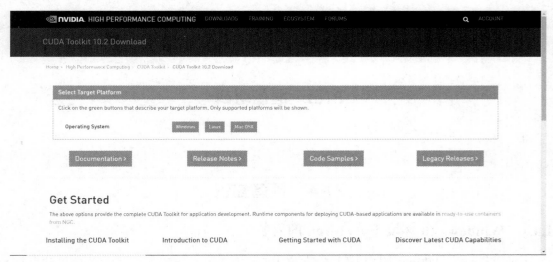

图 21-1　下载相关的软件包

（3）安装 CUDA 10。打开下载成功的软件包，按照安装提示逐步安装即可，如图 21-3 所示。

（4）验证安装。检查是否存在环境变量 CUDA_PATH 和 CUDA_PATH_V10_1，如图 21-4 所示。

图 21-2　选择相应的 Windows 版本

图 21-3　按照安装提示逐步安装

图 21-4　检查环境变量

打开命令行窗口，输入"nvcc -V"，验证是否成功安装 CUDA 10，如图 21-5 所示。

图 21-5　验证是否成功安装 CUDA 10

2．打开 Anaconda 自带的 Anaconda Prompt

安装 Anaconda 后，Anaconda3（64-bit）文件夹下会出现相应的一组菜单，选择 Anaconda Prompt 程序（相当于 Windows 系统中的命令行窗口，用户可以在其中对创建的 conda 虚拟环境进行管理），如图 21-6 所示。

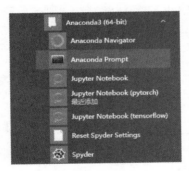

图 21-6　打开 Anaconda Prompt

3．配置虚拟环境并利用 pip 安装 PyTorch 的 GPU 版本

打开 Anaconda Prompt 程序，输入以下代码，配置虚拟环境。

```
# 在 Anaconda 中创建一个虚拟环境
conda create --name pytorch Python=3.7
# 进入虚拟环境
activate pytorch
# 利用 pip 安装 PyTorch 的 GPU 版本
pip install https://download.pytorch.org/whl/cu100/torch-1.1.0-cp37-cp37m-win_amd64.whl
pip install https://download.pytorch.org/whl/cu100/torchvision-0.3.0-cp37-cp37m-win_amd64.whl
```

4．常见错误的解决方案

如果在 Windows 系统中启动多线程时出错，可以采用以下代码进行处理。

```
# 在 Windows 系统中启动多线程时出错
# 添加以下代码
if __name__ == '__main__':

# 在 Window 系统中不能使用 stty
# _, term_width = os.popen('stty size', 'r').read().split()
_, term_width = shutil.get_terminal_size()
```

21.4.2　Ubuntu 18.04 环境下 PyTorch 的安装

下面介绍 Ubuntu 18.04 环境下 PyTorch 的安装过程，建议参考官方文档以获取最新资料。

1．安装 Anaconda

首先，在如图 21-7 所示的窗口中按"Ctrl+Alt+T"键打开终端。

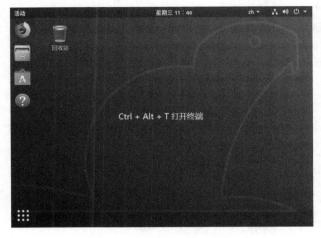

图 21-7　打开终端

在如图 21-8 所示的终端窗口中输入以下代码，下载并安装 Anaconda。

图 21-8　输入代码

```
# The version of Anaconda may be different depending on when you are installing`
curl -O https://repo.anaconda.com/miniconda/Miniconda3-latest-Linux-x86_64.sh
sh Miniconda3-latest-Linux-x86_64.sh
# and follow the prompts. The defaults are generally good.`
```

2. 安装 Nvidia 显卡驱动（如果需要 GPU 加速）

打开终端窗口，输入以下代码安装 Nvidia 显卡驱动。

```
$ ubuntu-drivers devices
== /sys/devices/pci0000:00/0000:00:01.0/0000:01:00.0 ==
modalias : pci:v000010DEd00001180sv00001458sd0000353Cbc03sc00i00
vendor     : NVIDIA Corporation
model      : GP106 [GeForce GTX 1060 6GB]
driver   : nvidia-304 - distro non-free
driver   : nvidia-340 - distro non-free
driver   : nvidia-390 - distro non-free recommended
driver   : xserver-xorg-video-nouveau - distro free builtin
== cpu-microcode.py ==
```

在终端窗口输入以下代码自动安装 NVIDIA 驱动。

```
$ sudo ubuntu-drivers autoinstall
```

3. 安装 PyTorch

在终端窗口输入以下代码安装 PyTorch。

```
$ conda install pytorch torchvision cudatoolkit=10.1 -c pytorch
```

21.5 实施步骤

21.5.1 编程测试是否有 GPU

参考以下代码，编程测试计算机上是否有 GPU，并打印出所安装的 PyTorch 版本。

```
import torch
import time
a = torch.randn(10000, 1000)
b = torch.randn(1000, 2000)
# use cpu to compute
start_cpu = time.time()
c = torch.matmul(a, b)
end_cpu = time.time()
print('use', c.device, end_cpu - start_cpu)
device = torch.device('cuda')
a = a.to(device)
b = b.to(device)
```

```
# use gpu to compute
start_gpu = time.time()
c = torch.matmul(a, b)
end_gpu = time.time()
print('use', c.device, end_gpu - start_gpu)

# use gpu to compute again
start_gpu = time.time()
c = torch.matmul(a, b)
end_gpu = time.time()
print('use', c.device, end_gpu - start_gpu)
```

21.5.2　编程实现梯度计算

参考以下代码，进行梯度计算，并输出结果。

```
import torch
from torch import autograd
x = torch.tensor(1.)
a = torch.tensor(1., requires_grad=True)
b = torch.tensor(2., requires_grad=True)
c = torch.tensor(3., requires_grad=True)
y = a**2*x + b*x + c   # function
print('before autograd:', a.grad, b.grad, c.grad)
grads = autograd.grad(y, [a, b, c])    # auto grad
print('after autograd:', grads[0], grads[1], grads[1])
```

21.5.3　搭建基本的分类神经网络

参考以下代码，搭建一个基本的分类神经网络，并利用图像数据集进行训练，实现分类。

```
import torch
import torch.nn as nn
import torch.utils.data as data
import torch.nn.functional as F
import matplotlib.pyplot as plt
class Dataset(data.Dataset):
    def __init__(self, clz0_num, clz1_num):
        super(Dataset, self).__init__()
        data0_size = torch.ones(clz0_num, 2)
        data0 = torch.normal(2 * data0_size, 1)
        label0 = torch.zeros(clz0_num)
        data1_size = torch.ones(clz1_num, 2)
        data1 = torch.normal(-2 * data1_size, 1)
        label1 = torch.ones(clz1_num)
        self.data = torch.cat((data0, data1), 0).type(torch.FloatTensor)
```

```python
            self.label = torch.cat((label0, label1)).type(torch.LongTensor)
            plt.scatter(self.data.numpy()[:, 0], self.data.numpy()[:, 1], c=self.label.numpy(), s=100, lw=0,
                        cmap='RdYlGn')
            plt.show()
        def __getitem__(self, item):
            return self.data[item], self.label[item]
        def __len__(self):
            return len(self.label)
class Net(nn.Module):
    def __init__(self, n_input, n_output):
        super(Net, self).__init__()
        self.linear = nn.Linear(n_input, 10)
        self.relu = F.relu
        self.output = nn.Linear(10, n_output)
    def forward(self, x):
        x = self.linear(x)
        x = self.relu(x)
        x = self.output(x)
        return x
clz0_num = 100
clz1_num = 100
dataset = Dataset(clz0_num, clz1_num)
data_loader = data.DataLoader(dataset=dataset, batch_size=200, shuffle=False, num_workers=6)
net = Net(n_input=2, n_output=2).cuda()
optimizer = torch.optim.SGD(net.parameters(), lr=0.02)
loss_function = torch.nn.CrossEntropyLoss()
losses = []
for epoch in range(200):
    for _, train_data in enumerate(data_loader):
        data = train_data[0].cuda()
        label = train_data[1].cuda()
        pred = net(data)
        loss = loss_function(pred, label)
        optimizer.zero_grad()
        loss.backward()
        optimizer.step()
        losses.append(loss)
        if epoch % 10 == 0:
            pred_label = torch.max(pred, 1)[1]
            pred_label = pred_label.cpu().detach().numpy()
            target_label = label.cpu().numpy()
            plt.scatter(data.cpu().numpy()[:, 0], data.cpu().numpy()[:, 1], c=pred_label, s=100, lw=0,
cmap='RdYlGn')
```

```
                    accuracy = float((pred_label == target_label).astype(int).sum()) / float(target_label.size)
                    plt.text(1.5, -4, 'Acc.=%.2f' % accuracy, fontdict={'size': 20, 'color': 'red'})
                    plt.show()
batch_nums = range(1, len(losses) + 1)
plt.plot(batch_nums, losses)
plt.title('Loss - Batch')
plt.xlabel('batch')
plt.ylabel('loss')
plt.show()
```

致　谢

　　经过多年视频图像技术教学经验的积累，我们终于完成了本书素材的整理和知识的梳理。一路走来，面对繁杂素材，我们曾经毫无头绪，也多次将编写框架推翻重来。最后，经过反复讨论、修改和不懈努力，我们终于将全部内容整理完毕，形成现在这本书。感谢浙江大华技术股份有限公司的工程师李腾、王惟迅、杨琼瑜、张叔晗、水新星、钟花多、陈盟、李威燃，中山大学的梁靖茹、全峰玮、李鑫、陆强、黄柏霖、唐兆家、王帅先、张欢容、贾坤坤、杨代鹏、王坚成、卓莹等在书稿前期素材整理和后期校对中的付出，本书能够顺利出版，离不开他们的努力！

中山大学智能工程学院

《视频图像技术原理与案例教程》编写组

参考文献

[1] 赫曼克鲁格. CCTV 完全手册[M]. 香港: 香港泰兴科技书局, 1999.

[2] 卢官明, 唐贵进, 崔子冠. 数字图像与视频处理[M]. 北京: 机械工业出版社, 2018.

[3] 卢官明, 宗昉. 数字电视原理[M]. 北京: 机械工业出版社, 2018.

[4] 俞斯乐. 电视原理[M]. 北京: 国防工业出版社, 2008.

[5] 杨磊, 李峰, 田艳生. 闭路电视监控系统[M]. 北京: 机械工业出版社, 2007.

[6] 白玉珉, 郭智. 光纤视频传输技术[M]. 北京: 北京广播学院出版社, 1997.

[7] 刘富强. 数字视频信息处理与传输教程[M]. 北京: 机械工业出版社, 2004.

[8] 彭妙颜, 周锡韬. 信息化音视频设备与系统工程[M]. 北京: 人民邮电出版社, 2008.

[9] 孙学康. 无线传输与接入技术[M]. 北京: 人民邮电出版社, 2010.

[10] 宋文生, 刘永智, 谢艳. 数字化视频光端机应用[J]. 光通信技术, 2003, 027(010): 45-46.

[11] 秦健. 双绞线视频传输器在监控系统中的应用[J]. 中国公共安全(市场版), 2007, 000(005): 94-95.

[12] 田捷. 视频传输技术在视频监控中的应用[J]. 中国安防, 2008(12): 56-58.

[13] 董伟峰. 监控系统中视频信号传输的设计[J]. 企业科技与发展, 2011(02): 12-13, 16.

[14] 张巍, 肖文斌, 阎立. 无线网桥在视频监控中的研究与应用[J]. 现代电子技术, 2011(17): 55-58.

[15] 刘凯. 监控系统信号传输方式的选择[J]. 科技风, 2012(12): 103.

[16] 王志, 田晓, 彭月川. 网络损伤模拟环境的设计与实现[J]. 计算机工程与设计, 2017, 038(010): 2858-2863, 2886.

[17] 西刹子. 安防天下:智能网络视频监控技术详解与实践[M]. 北京: 清华大学出版社, 2010.

[18] 张飞碧, 项珏. 数字音视频及其网络传输技术[M]. 北京: 机械工业出版社, 2010.

[19] 杨磊. 电视监控实用技术[M]. 北京: 机械工业出版社, 2002.

[20] 林静. RAID 技术实现方法和 RAID 阵列[J]. 信息与计算机, 2018(17): 106-108.

[21] 林财. 基于云存储视频监控系统的研究[J]. 通信世界, 2017(14): 14-15.

[22] 李振华, 楼向雄. 固态硬盘 RAID 阵列技术进展[J]. 世界科技研究与发展, 2017, 039(001): 33-38.

[23] 石方夏, 岳凤芝.信息化建设中的 RAID 技术应用分析[J].现代电子技术, 2010, 33(17): 59-63.

[24] 周可, 王桦, 李春花. 云存储技术及其应用[J]. 中兴通信技术, 2010, 16(04):24-27.

[25] 唐箭. 云存储系统的分析与应用研究[J]. 计算机知识与技术, 2009, 5(20): 5337-5338, 5340.

[26] 马喜廷, 孟荣芳. 数字硬盘录像机[J]. 电视技术, 2003(06): 87-88.

[27] 梅林军. 盘阵列写性能优化技术研究[D]. 武汉: 华中科技大学, 2019.

[28] 陈敏, 余上. 磁盘阵列技术现状研究[J]. 福建计算机, 2019, 35(4): 59-61.

[29] 何健. 解析显示器的 CRT 技术[J]. 黑龙江科技信息, 2007(13): 65.

[30] 晓歌. 流光溢彩的等离子电视[J]. 计算机, 2005(1): 83-84.

[31] 詹前贤, 吴永俊. STN-LCD 制造摩擦工艺及静电消除工艺探讨[J]. 电子产品可靠性与环境试验, 2002(03): 43-46.

[32] 佟玉林. 投影机的分类与使用事项[J]. 科技视界, 2014(36): 155.

[33] 张德强, 张国辉. OLED 产业技术现状及展望[J]. 新材料产业, 2012(05): 35-41.

[34] 史永基, 史建军, 史红军. 有源矩阵液晶显示器的薄膜晶体管技术（下）[J]. 传感器世界, 2003, 09(03): 15-22.

[35] 马文雅. 可压液晶方程组弱解的存在性及其性质[D]. 上海: 复旦大学, 2010.

[36] 白木, 子荫. 液晶显示器技术全揭示%LCD Technique[J]. 有线电视技术, 2002, 09(16): 73-78.

[37] 王林. 数字图像的显示[J]. 上海微型计算机, 1998(09): 47.

[38] 王新宇. 基于稀疏正则化与反复提纯的图像超分辨率方法[D]. 成都: 电子科技大学, 2016.

[39] 诸昌铃. LED 显示屏系统原理及工程技术[M]. 成都: 电子科技大学出版社, 2000.

[40] 孙略著. 视频技术基础（插图版）[M]. 北京: 世界图书出版公司, 2013.

[41] 李金伴, 王善斌主编. 电视监控系统及其应用[M]. 北京: 化学工业出版社, 2008.

[42] 徐佳健. 网络监控系统控制命令传输方案的设计[J]. 杭州电子科技大学学报(自然科学版), 2012(5): 171-174.

[43] 王利桓. 波特率自适应的 RS-485 光电收发器模块设计[J]. 电子设计工程, 2009, 17(05): 36-37, 40.

[44] 大华科技股份有限公司. 键盘 5000 系列快速操作手册[EB/OL]. http://dorfile.dahuatech.com/DOR/ 201808100937538.pdf. 2019-9-11.

[45] 权立伟, 石江宏, 薛财锋. IP 视频监控系统中云台控制模块的设计与实现[J]. 电子技术应用, 2006, 32(11): 86-88.

[46] 王健波, 宋凯. RS-485 总线通信协议的分析和实现[J]. 沈阳理工大学学报, 2006(01): 29-32.

[47] 魏崇毓, 韩永亮. 云台控制系统的研究与设计[J]. 科技信息, 2011(03): 444, 509.

[48] Jeff Lies. RS-485 收发器教程[J]. 电子技术应用, 2015(05): 31-34.

[49] 许珍. 基于 LabVIEW 的远程视频监控系统设计与实现[J]. 中北大学学报(自然科学版), 2015(36): 539.

[50] 郑敏杰. 视频监控系统中的人脸识别技术研究[J]. 集成电路应用, 2019, 36(9): 37-39.

[51] 郑嘉诚. 基于 ARM 智能视频监控人脸识别系统设计[J]. 智能计算机与应用, 2019(6): 278-282.

[52] 罗世伟, 左涛, 邹开耀. 视频监控系统原理及维护[M]. 北京: 电子工业出版社, 2007.

[53] 郑定超, 陈彩微. 智能视频监控系统设计[J]. 自动化技术与应用, 2020(3): 91-93.

[54] 路林吉. 数字图像监控系统概述[J]. 上海交通大学电子信息学院学报, 2000(3): 31-33.

[55] 厦门才茂通信科技有限公司. ATM 机智能视频监控系统解决方案[EB/OL]. http://news.eeworld.com.cn/ afdz/article_201609269832.html. 2016-09-26/2020-4-6.

[56] 张新房编著. 智能视频监控系统[M]. 北京: 中国电力出版社, 2018.

[57] 王公儒主编. 视频监控系统工程实用技术[M]. 北京: 中国铁道出版社, 2018.

[58] 潘国辉编著. 安防天下 2: 智能高清视频监控原理精解与最佳实践[M]. 北京: 清华大学出版社, 2014.

[59] 施特格. 机器视觉算法与应用[M]. 北京: 清华大学出版社, 2008.

[60] 韩九强. 机器视觉技术及应用[M]. 北京: 高等教育出版社, 2009.

[61] 白廷柱. 光电成像原理与技术[M]. 北京: 北京理工大学出版社, 2006.

[62] 张铮, 王艳平, 薛桂香. 数字图像处理与机器视觉[M]. 北京: 人民邮电出版社, 2010.

[63] 段峰, 王耀南, 雷晓峰等. 机器视觉技术及其应用综述[J]. 自动化博览, 2004, 19(3): 59-61.

[64] 唐向阳, 张勇, 李江有, 等. 机器视觉关键技术的现状及应用展望[J]. 昆明理工大学学报(理工版), 2004(2): 36-39.

[65] 张五一, 赵强松, 王东云. 机器视觉的现状及发展趋势[J]. 中原工学院学报, 2008(1): 9-12, 15.

[66] 章炜. 机器视觉技术发展及其工业应用[J]. 红外, 2006, 27(2): 11-17.

[67] 窦兆玉, 张奇志, 周亚丽, 等. 基于机器视觉的液晶屏幕坏点检测[J]. 北京信息科技大学学报(自然科学版), 2015, 30(5): 87-92.

[68] 刘金桥, 吴金强. 机器视觉系统发展及其应用[J]. 机械工程与自动化, 2010(1): 215-216.

[69] Abhishek Dutta, Ankush Gupta, Andrew Zisserman. VGG Image Annotator (VIA) [EB/OL]. http://www.robots.ox.ac.uk/~vgg/software/via/. 2019-6-10.

[70] Kaiming He, Jian Sun, Xiaoou Tang. Single image haze removal using dark channel prior[J]. IEEE Transactions

on Pattern Analysis & Machine Intelligence, 2011, 33(12): 2341-2353.

[71] R. C. Gonzalez(冈萨雷斯). 数字图像处理(第三版)[M]. 北京: 电子工业出版社, 2017.

[72] 姚敏. 数字图像处理(第三版)[M]. 北京: 机械工业出版社, 2017.

[73] 孙正等. 数字图像处理与识别[M]. 北京: 机械工业出版社, 2014.

[74] 柏正尧主编. 数字图像处理实验教程[M]. 北京: 科学出版社，2017.

[75] 邓荣峰. 车牌字符识别关键技术研究及车牌识别系统实现[D]. 广州: 中山大学, 2009.

[76] 吕硕. 基于图像分析的车标检测与识别算法研究[D]. 广州: 中山大学, 2017.

[77] J. R. R. Uijlings, K. E. A. V. D. Sande. Selective search for object recognition[J]. International Journal of Computer Vision, 2013,104 (2): 154-171.

[78] P. F. Felzenszwalb, D. P. Huttenlocher. Efficient Graph-Based Image Segmentation[J]. International Journal of Computer Version, 2004, 59(3): 167–181.

[79] Stefan Fiott. CIFAR-10 Classifier Using CNN in PyTorch[EB/OL]. https://www.stefanfiott.com/machine-learning/cifar-10-classifier-using-cnn-in-pytorch/. 2018-11-30/2019-6-22

[80] Krizhevsky Alex. Learning Multiple Layers of Features from Tiny Images[R]. Toronto: Technical Report TR-2009. 2009.

[81] Shaoqing Ren, Kaiming He, Ross B. Girshick, et al. Faster R-CNN: Towards Real-Time Object Detection with Region Proposal Networks[J]. IEEE Transactions on Pattern Analysis and Machine Intelligence 2015, 39(6): 1137-1149.

[82] Liu, Wei, Dragomir Anguelov, Dumitru Erhan, et al. Berg. SSD: Single Shot MultiBox Detector[C]. Amsterdam: 14th European Conference on Computer Vision (ECCV), 2016.

[83] Redmon, Joseph, Ali Farhadi. YOLOv3: An Incremental Improvement[J/OL]. https://arxiv.org/abs/1804.02767. 2018-4-8/2020-04-30.

[84] Shanshan Zhang. KITTI-yolov2-tiny[DB/OL]. https://github.com/zssjh/KITTI-yolov2-tiny. 2019-2-10/2020-4-20.

[85] packyan. PyTorch-YOLOv3-kitti[DB/OL]. https://github.com/packyan/PyTorch-YOLOv3-kitti. 2018-12-6/2020-4-20.

[86] Rifkin R, Yeo G, Poggio T. Regularized least-squares classification[J]. Nato Science Series Sub Series III Computer and Systems Sciences, 2003, 190: 131-154.

[87] 张雷，王延杰，孙宏海等. 采用核相关滤波器的自适应尺度目标跟踪[J]. 光学精密工程, 2016, 24(2): 448-459.

[88] Nicolai Wojke, Alex Bewley, Dietrich Paulus. Simple online and realtime tracking with a deep association metric[C]. Beijing: International Conference on Image Processing. IEEE, 2017: 3645-3649.

[89] Anton Milan, Laura Leal-Taixe´, Ian Reid, et al. MOT16: A Benchmark for Multi-Object Tracking[J/OL]. https://arxiv.org/abs/1603.00831. 2016-3-2/2019-11-10

[90] Nicolai Wojke, Alex Bewley. Deep Cosine Metric Learning for Person Re-Identification[C]. IEEE Winter Conference on Applications of Computer Vision (WACV), 2018.

[91] Henson, D.B. Visual Fields[M]. Oxford: Oxford University Press, 1993.

[92] Heinen, T., Vinken, P. M. Monocular and binocular vision in the performance of a complex skill[J]. Journal of Sports Science & Medicine, 2011, 10(3): 520-527.

[93] Optometrists Network. The Logical Approach to Seeing 3D Pictures [EB/OL]. www.vision3d.com. 2009-08-21/2020-04-02

[94] Dornaika, F., Hammoudi, K. Extracting 3D Polyhedral Building Models from Aerial Images using a Featureless and Direct Approach[C]. Yokohama: Conference on Machine Vision Applications (MVA), 2009.

[95] Gennery, Donald B. Stereo-camera calibration[C]. Proceedings ARPA IUS Workshop, 1979.

[96] Weng, Juyang, Paul Cohen, Marc Herniou. Camera calibration with distortion models and accuracy evaluation[J]. IEEE Transactions on Pattern Analysis & Machine Intelligence 1992(10): 965-980.

[97] Kinect for windows [EB/OL]. https://en.wikipedia.org/wiki/Kinect. 2020-4-2.

[98] Mann, Steve, Picard, R. W. Virtual bellows: constructing high-quality stills from video[C]. Austin: Proceedings of the IEEE First International Conference on Image Processing, 1994.

[99] Ward Greg. Hiding seams in high dynamic range panoramas[C]. Proceedings of the 3rd Symposium on Applied Perception in Graphics and Visualization, 2006.

[100] Steve Mann. Compositing Multiple Pictures of the Same Scene[C]. Cambridge: Proceedings of the 46th Annual Imaging Science & Technology Conference, 1993.

[101] S. Mann, C. Manders, J. Fung. The Lightspace Change Constraint Equation (LCCE) with practical application to estimation of the projectivity+gain transformation between multiple pictures of the same subject matter[C]. IEEE International Conference on Acoustics, Speech, and Signal Processing, 2003.

[102] Nikos ParagiosYunmei ChenOlivier Faugeras. Handbook of Mathematical Models in Computer Vision[M]. Springer, Boston, MA, 2006.

[103] Lowe, David G. Object recognition from local scale-invariant features[C]. Proceedings of the International Conference on Computer Vision, 1999: 1150–1157.

[104] Lowe, David G. Distinctive Image Features from Scale-Invariant Keypoints[J]. International Journal of Computer Vision. 2004, 60 (2): 91–110.

[105] Martin A. Fischler, Robert C. Bolles. Random Sample Consensus: A Paradigm for Model Fitting with Applications to Image Analysis and Automated Cartography[J]. Comm. ACM. 1981, 24 (6): 381–395.

[106] H. Wang, D. Suter. Robust adaptive-scale parametric model estimation for computer vision[J]. IEEE Transactions on Pattern Analysis and Machine Intelligence 2004, 26(11): 1459–1474.

[107] Richard Hartley and Andrew Zisserman. Multiple View Geometry in Computer Vision (2nd ed.) [M]. Cambridge: Cambridge University Press, 2003.

[108] Karami E, Prasad S, Shehata M. Image matching using SIFT, SURF, BRIEF and ORB: performance comparison for distorted images[J/OL]. https://arxiv.org/abs/1710.02726. 2017-10-7/2020-04-02

[109] Zaragoza J, Chin T J, Brown M S, et al. As-projective-as-possible image stitching with moving DLT[C]. Proceedings of 2013 IEEE Conference on Computer Vision and Pattern Recognition. Portland, OR, USA: IEEE, 2013:2339-2346.

[110] Moons, Theo, Luc Van Gool, Maarten Vergauwen. 3D reconstruction from multiple images part 1: Principles[J]. Foundations and Trends in Computer Graphics and Vision, 2010, 4(4): 287-404.

[111] Zollhöfer, Michael, et al. Real-time non-rigid reconstruction using an RGB-D camera[J]. ACM Transactions on Graphics2014, 33(4): 156.

[112] Soltani A.A., Huang H., Wu J., et al. Synthesizing 3D Shapes via Modeling Multi-View Depth Maps and Silhouettes with Deep Generative Networks[C]. Proceedings of the IEEE Conference on Computer Vision and Pattern Recognition, 2017: 1511-1519.

[113] Lorensen William E., Cline Harvey E. Marching cubes: A high resolution 3d surface construction algorithm[J]. SIGGRAPH Comput. Graph. 1987, 21 (4): 163-169.

[114] Hoppe Hugues, DeRose Tony, Duchamp Tom, et al. Surface reconstruction from unorganized points[J]. SIGGRAPH Comput. Graph. 1992, 26 (2): 71-78.

[115] Soltani A. A., Huang H., Wu J., et al. Synthesizing 3D Shapes via Modeling Multi-View Depth Maps and Silhouettes with Deep Generative Networks[C]. In Proceedings of the IEEE Conference on Computer Vision

and Pattern Recognition, 2020: 1511-1519.

[116] 陈思嘉. 基于无人机航拍图像序列的交通事故现场还原与应用研究[D]. 广州: 中山大学，2016.

[117] MathWorks [EB/OL]. https://www.mathworks.com/help/matlab/programming-and-data-types.html. 2020-4-2.

[118] 张培强. MATLAB 语言——演算纸式的科学工程计算语言[M]. 合肥: 中国科学技术大学出版社, 1995.

[119] 刘浩, 韩晶. MATLAB R2018a 完全自学一本通[M]. 北京: 电子工业出版社, 2018.

[120] Rafael C. Gonzalez, Richard E. Woods, Steven L. Eddins. 数字图像处理(MATLAB 版)(第二版)[M]. 北京: 电子工业出版社, 2014.

[121] Gonzalez R C, Woods R E. Digital Image Processing[M]. Beijing: Publishing House of Electronics Industry, 2010.

[122] Howse J. OpenCV Computer Vision with Python[J]. 2013.

[123] Goyal A, Bijalwan A, Kumar P. Image enhancement using guided image filter technique[J]. International Journal of Engineering & Advanced Technology, 2012(5): 213-217.

[124] I. Culjak D., Abram T., Pribanic, etc. A brief introduction to OpenCV[C]. Mipro, International Convention. IEEE, 2012.

[125] F.J. Harris. On the Use of Windows for Harmonic Analysis with the Discrete Fourier Transform[J]. Proceedings of the IEEE, 1978, 66(1): 51-83.

[126] Python [EB/OL]. https://www.Python.org/. 2020-4-2.

[127] Guttag, John V. Introduction to Computation and Programming Using Python: With Application to Understanding Data[M]. Cambridge, Massachusetts: MIT Press, 2016.

[128] Shusen Tang. Dive into Deep Learning [DB/OL]. https://github.com/ShusenTang/Dive-into-DL-PyTorch. 2019-2-21/2020-3-6.

附录 A 实验报告

《课程名称》实验报告

实验 X：实验名称

学生姓名：_____ 学号：_____ 专业年级：_____

一、实验内容

……

二、实验步骤

（请先把题号写在这里）

（代码原文截图贴在这里）

……

三、实验结果

（运行结果截图贴在这里）

……

四、对实验结果的讨论

（对实验结果的一些思考和对整个实验过程的讨论，如果有，请写在这里）

……

五、实验小结

附录 B　实验记录表

实验记录表

| 人员: | | 时间: | | 地点: | |

实验名称:

实验目的:

实验内容:

实验材料:

序号	设备或材料名称	数量	型号、参数
1	示例：数字示波器	1 台	TBS1202B
2	示例：数据集 ImageNet	1 个	图片张数
3	示例：计算机	1 台	Intel I7
4			
5			
6			
7			
8			
9			

实验过程记录:

（请记录过程数据、现象）